新型工业化·软件定义系列丛书

U0192427

工业软件

通向软件定义的数字工业

工业和信息化部电子第五研究所 组编

○ 谢克强　编著

电子工业出版社

Publishing House of Electronics Industry

北京·BEIJING

内 容 简 介

作者近几年来把"大学习"和"深调研"结合起来，对工业软件的技术、企业、产业和政策进行研究，形成若干研究报告。本书是作者对过去几年工作学习的梳理总结。

作者着眼第四次工业革命，立足关键核心技术，朝着国家"十四五"重点突破方向，选取工业软件作为本书的主题，重点从背景、概念、产业、企业、政策等方面对工业软件进行系统阐述，研究工业软件产业生态，探索工业软件发展规律，力争为我国工业软件产业发展提供智力支撑。

图书在版编目（CIP）数据

工业软件：通向软件定义的数字工业 / 工业和信息化部电子第五研究所组编；谢克强编著． —北京：电子工业出版社，2024.3

（新型工业化·软件定义系列丛书）

ISBN 978-7-121-47022-6

Ⅰ. ①工… Ⅱ. ①工… ②谢… Ⅲ. ①工业技术－软件开发 Ⅳ. ①TP311.52

中国国家版本馆 CIP 数据核字（2024）第 014190 号

责任编辑：牛平月
印　　刷：北京天宇星印刷厂
装　　订：北京天宇星印刷厂
出版发行：电子工业出版社
　　　　　北京市海淀区万寿路 173 信箱　　邮编：100036
开　　本：720×1000　1/16　印张：16.25　字数：226 千字
版　　次：2024 年 3 月第 1 版
印　　次：2024 年 11 月第 2 次印刷
定　　价：98.00 元

凡所购买电子工业出版社图书有缺损问题，请向购买书店调换。若书店售缺，请与本社发行部联系，联系及邮购电话：(010) 88254888，88258888。

质量投诉请发邮件至 zlts@phei.com.cn，盗版侵权举报请发邮件至 dbqq@phei.com.cn。

本书咨询联系方式：niupy@phei.com.cn。

推荐语

未来最需要的工业软件是能够"定义"工业（产品、制造过程等）的软件。该书从定义的角度阐述了工业知识的软件化、企业软件化等趋势，重点介绍了工业 App 及其运行环境（工业互联网平台）等工业软件发展的新形态。对于所有关心工业软件发展的人士而言，这本书具有重要的参考价值。

——李培根（中国工程院院士）

本书是作者对过去几年工作学习的思考和总结，体系完整、内容丰富，其中不乏真知灼见。工业软件体系复杂、门类众多、涉及面广，打造具有"循环造血"功能的产业生态对当下发展工业软件意义重大。本书以"解剖麻雀"的方式对设计仿真工业软件进行了详细分析，并提出构建设计仿真工业软件生态链的设想，正是对这一问题的有益探讨，给我留下深刻印象。希望工业企业、工业软件企业、高校和科研院所等能够形成发展合力，各取所需、各取所长、各尽其能，携手共建产业生态，做大做强自主工业软件产业。

——王建民（清华大学软件学院院长）

软件定义未来工业。本书以"理解、认识、剖析、寻路、发展"为路标，在历史观、全球观、未来观的坐标系中，审视中国工业软件的发展、企业的成长、技术的变革、政策的演进，以及产业发展的内在逻辑和规律，并展现了工业软件的未来图景。作者对工业软件的观察和研究，有自己独特的视角和视野，值得一读。

——安筱鹏（中国信息化百人会执委、阿里云智能集团副总裁）

作者作为深度参与中国工业软件产业发展推进的资深研究者，从软件定义数字工业的全局视角，给出了工业软件现阶段发展的认知框架。尤其是作者将自己参与相关咨询和评估工作中的思考进行了凝练，对工业软件进行了系统阐述，体现出对工业软件产业发展和政策措施的独到见解，站位高、视野广、体系性强。我相信工业软件领域的政策制定者、管理者、投资者、经营者、开发者，以及大学教师和学生，都可以通过该书获得对数字工业和工业软件产业更全、更深的认识，从中发现对自己有益的内容。

——赵强（中国工程物理研究院原信息化总师）

工业软件是我国推进新型工业化的关键核心技术之一。本书通过翔实的产业数据呈现出当前我国工业软件的发展现状，基于对国际知名工业软件企业发展成功之道的深度剖析，以及对工业软件发展、产业生态发展及政策环境的详细解析与探索，为我国工业软件发展"寻路"。本书深入浅出，值得推荐！

——黄培（国家智能制造专家委员会委员、e-works 首席执行官）

第一次见到作者是 2018 年在工业 App 白皮书的研讨会上，和与会的其他专家一样我对工业 App 的发展充满期待，同时认识到把工业 App 的建设提到产业生态高度的必要性和重要意义。工业 App 本身涉及的领域极其广泛，技术构成和形态也复杂多样，而且当下新的信息技术又在不断涌现。本人在工业领域的工作中，深深感受到有关工业 App 的一些重要问题需要回答和澄清。作者在这一领域经过了多年的调研和深入研究，对工业软件和工业 App 有了全面系统和精深的理解，看到本书即将出版我喜出望外，不仅因为它清晰地回答了困惑我多年的架构问题，同时还详细地阐述了工业软件和工业 App 的发展路径，是一本会让工业领域、软件领域和政府的相关工作者受益的好书。

——张卫善（中国航发商用航空发动机有限责任公司首席专家）

走新型工业化之路是当前我国形成新质生产力、迈向高质量发展的必然选择，需要工业企业加快推进实施智能化改造、数字化转型。智改数转是船舶工业未来发展的必由之路。

船舶企业数字化转型需在企业内部形成人员、产品、设备、工具等的泛在链接。而工业软件作为一种典型的能使人类经验知识和机器流程知识的技术泛在化的工具，将使船舶研发、生产、试验、运维过程的各阶段模型贯通、数据源单一成为可能，是未来数字化智能船舶的"神经中枢"，对中国船舶工业转型升级和高质量发展意义重大。

作者是个敏而好学、沉心思考的研究者。很高兴看到作者将过去几年对工业软件的研究总结下来，出版成书。本书集时代背景、路径探索、行业洞察、企业成长、政策分析于一体，集技术逻辑、经济逻辑和商业逻辑于一脉，对于从业人员多有裨益，值得工业界、软件界的朋友们品读。

——师艳平（中国船舶集团科技与信息化部先进制造处处长）

本书从背景、概念、产业、企业、政策等方面对工业软件进行了系统阐述，对于认识和发展工业软件具有很好的参考价值。特别是对设计仿真软件的剖析全面而翔实，对于工业软件生态体系建设有独到的见解。

石化工业是国民经济支柱产业，应积极推动新一代信息通信技术与石化自主成套技术的深度融合，在工业互联网平台上构建工业软件，提升资源高效利用、生产操控优化、设备可靠运行、安全环保低碳等智能化运营水平。

——索寒生（石化盈科信息技术有限责任公司副总裁）

本书从第四次工业革命出发，以背景、概念、产业、企业、政策为线索，深入浅出地阐述了工业软件的定义内涵及产业状况，内容翔实而全面，见解客观而中肯，引领读者系统地了解工业软件，知其来路，明其当下，论其未来，令人获益匪浅，是行业内外均可一读的力作佳篇。

——刘玉峰（广州中望龙腾软件股份有限公司常务副总经理）

工业软件自诞生以来，就以它自身的逻辑在发展和进化，其与传统工业领域的融合从来没有像如今这样紧密而不能分离，二者相得益彰、相互促进。如何认知"SDX"（软件定义一切）叙事背景下工业软件对数字工业的开拓破局、如何拨开投融资迷思以及躬身入局这一产业，《工业软件：通向软件定义的数字工业》不失为全视角、全景观性的读物，推荐大家阅读。

——赵文功（达索系统大中华区首席技术官）

工业软件的形态是软件，核心是工业技术，把工业技术软件化是工业数字化转型的关键核心。作者以开阔的视野、前瞻的理念和深邃的洞察，以"知识的承载、积淀与传播方式演变"为主线，将工业软件、工业App、工业互联网、工业技术软件化等概念和技术衔接起来，正本溯源、返璞归真，用全新的体系进行系统化的讲解，在厘清概念的同时也剖析了方法和路径，这是本书的一大价值。

——李义章（索为技术股份有限公司董事长）

"工业软件定义未来制造"逐步成为共识。作者通过多年的企业、产业调研，通过深度的行业发展分析，对工业软件进行了全方位的阐述，尤其是对"核心工业软件CAD、CAE"的国外、国内发展历程和现状，给出了详细的介绍和分析，内容翔实、丰富、前瞻。对国产自主工业软件的发展能够起到很好的推动作用，对我们工业软件开发商，也有很大的借鉴意义。

——梅敬成（山东山大华天软件有限公司首席科学家）

"发展自主可控的工业软件""打造可用、好用的研发设计类工业软件"，这些落地有声的话语自从2018年以来时常萦绕耳畔，也是我近年来工作的目标和持续奋进的指南！国产工业软件，特别是研发设计类工业软件，已经从 2010 年初期的"星星之火"到如今的"万众瞩目"和"百花待放"！如何用心灌溉这些"潜力之花"，使之健康稳健成长，真正成为工业创新的利器无疑是本书要探讨和回答的问题。诚然，如何发展自主可控的工业软件绝非一本书或一个论坛就能回答和解决，但我们却可以通过此书见微知著。本书作者基于他和团队多年来在工业软件领域的学习、调研、实践和探索，付梓成书，与关心工业软件发展的同仁分享多年来的研究成果。该书从行业解读、政策分析、产业生态、融资环境、国内外对比的宏观分析，到对设计仿真类软件的深入剖析，从全局到细节深入浅出地解析和探寻了国产工业软件发展之道，期待大家和我一样，从阅读中取新的认识和收获！

——张群（英特工程仿真技术（大连）有限公司董事长）

在实现新型工业化的背景下，工业企业的研发设计、生产制造、经营管理、市场营销、产品服务等各个环节都在实现全面的数字化，而工业软件正是支撑工业数字化的"大脑和神经"，其重要性和价值不言而喻。2018 年我与本书作者在北京第一次认识，当时正值新一轮工业软件产业发展的起点，作者是一位专业的研究者，他敏锐地选择了工业软件产业作为研究方向。在过去几年时间里，作者对工业软件的逻辑、内涵、现状、发展路径、政策体系等进行了全面的研究和思考，并将研究成果付梓。在此推荐大家阅读和学习，本书的内容可以为研究工业软件产业和从事工业软件产业的相关人员提供非常有价值的参考。

——彭维（上海新迪数字技术有限公司联合创始人、首席战略官）

作者站在第四次工业革命的高度分析了工业软件发展的时代背景和发展趋势。数字化革命已经成为工业发展的必由之路，数字化会逐步渗透所有的工业行业和领域，数字化转型的核心支撑就是工业软件，工业数字化的需求是工业软件发展的历史机遇。

一个时代有一个时代的工业软件，数字化时代需要新的工业软件。作者明确地指出数字化革命正催生新一代工业软件，并以专业的知识分析出新兴工业软件的技术方向。我们应瞄准趋势，掌握先进技术，研发新一代工业软件，赢得先手，再反向辐射传统工业软件，弥补短板。相信这本书能助力中国工业软件产业发展，推动中国工业数字化转型升级。

——周凡利（苏州同元软控信息技术有限公司董事长）

软件定义数字工业的时代已经来临。"软件跟着硬件走"，"软件是画出来的"，作者对工业软件行业，特别是对 CAE 行业的发展有着充分的理解和超前的洞察，对工业软件和工业互联网、工业 App 之间的关系进行了深刻的剖析。云计算时代的工业软件是什么样子？自主工业软件的出路在哪里？工业软件企业如何加速成长？推荐对这些问题感兴趣的读者阅读本书。

——屈凯峰（北京云道智造科技有限公司董事长）

产业为本，资本为器，本书对我国工业软件行业投融资以及国际知名企业投资并购的分析颇有见地。对当前产融结合，加速我国工业软件的创新突破与生态繁荣很有启发。

——汪存富（中国互联网投资基金管理有限公司董事总经理）

丛书序

进入 21 世纪以来，信息技术及其应用飞速发展，已经广泛覆盖并深入渗透到了社会生活的方方面面。特别地，近十年来，以云计算、大数据、移动互联网、物联网、人工智能、区块链为代表的新一代信息技术推动信息技术应用进入跨界融合的繁荣期，开始呈现出"网构化、泛在化、智能化"的新趋势，并不断催生新平台、新模式和新思维。

可以说，在某种意义上，信息技术及其深度应用已经推动人类社会步入一个新的发展阶段。可以从不同的视角去考察和认知这个新的发展阶段：从基础设施视角，可将其视为以互联网为核心主干，由移动网、广电网、物联网等多种网络融合形成新型泛在化基础设施，并以支撑规模化跨界创新应用服务模式为特征的"互联网+"时代；从计算模式视角，可将其视为以支持计算、存储、网络、数据、应用等资源的集约式管理和服务化使用为特征的云计算时代；从信息资源视角，则可将其视为将数据作为新型战略资源并以数据的深度挖掘和融合应用为特征的大数据时代；从信息应用视角，则可将其视为以人工智能技术为基础，支持从感知、认知到决策的智能化时代。

然而，如果从使能技术视角看，软件技术在信息技术中始终处于"灵魂"地位，所有新的信息技术应用、平台和服务模式，均以软件技术作为基础支撑；更为重要的是，在数字经济时代，软件技术已经成为企业的核心竞争力，不仅引领了信息技术产业的变革，在很多传统领域（如汽车、能源、制造、零售等）中的存在比重和重要性也在不断加大，在支持这些传统领域产业结构升级换代甚至颠覆式创新的过程中起到了核心作用，并进一步加速重构全球分工体系和竞争格局。特别地，作为新一轮科技革命和产业变革的标志，德国的"工业4.0"和美国的"工业互联网"，均将软件技术作为发展重点。软件已经走出信息世界的范畴，深度渗透到物理世界和人类社会中，全面发挥"赋能、赋值、赋智"的重要作用，甚至开始扮演着重新定义整个世界图景的重要角色。我们正在进入一个"软件定义一切"的时代！

"软件定义一切"已然成为一种客观需求，并呈现出快速发展的态势，其主要体现形式是软件"基础设施化"。一方面，在数字经济时代，人类社会经济活动高度依赖信息基础设施，而软件是信息基础设施的重要组成部分；另一方面，软件也将"重新定义"传统物理世界基础设施和社会经济基础设施，这将对人类社会的运行，甚至人类文明的进步起到重要的支持作用。在这样的时代背景下，我们该如何理解"软件定义"的技术内涵及其带来的软件"基础设施化"？"软件定义"产生的背景是什么，它现在处于什么阶段，未来又将如何发展？本丛书将尝试对上述问题做一些解读。

一、无所不在的软件

从1946年第一台真正意义上的通用电子计算机ENIAC诞生至今，计

X

算机已经历了 70 余年的发展历程。软件伴随着硬件而产生，其核心目的是帮助人们更方便、更高效地使用计算机。从技术角度看，软件的发展和演化有四个基本驱动力：追求更具表达能力、更符合人类思维模式、易构造、易演化的软件模型；支持高效率、高质量的软件开发；充分发挥硬件资源的能力，支持高效能、高可靠、易管理的软件运行；桥接异构性，实现多个应用系统之间的交互操作。

从软件制品的形态上看，软件发展大体上经历了三个阶段，即软硬一体化阶段，产品化、产业化阶段，以及网络化、服务化阶段。需要指出的是，这三个阶段尽管在时间上有先后顺序，但它们并不对立，也难以绝对分离，它们之间前后传承、交织，呈现出"包容式"的融合发展态势。

1. 软硬一体化阶段

在计算机诞生后相当长的一段时间内，实际上并没有"软件"的概念，计算机主要通过用机器语言和汇编语言编写程序来直接操作硬件的方式运行，因此只有"程序"的概念，其应用则以军事领域为主。19 世纪 60 年代前后，在高级程序设计语言出现后（1957 年，IBM 开发了第一个高级程序设计语言 Fortran），"软件"才作为与"硬件"对应的词被提出，以程序和文档融合体的形态从硬件中分离出来，成为相对独立的制品。在这个时期，"高级语言程序+文档"是软件的主要展现形式，软件主要应用于科学工程计算领域和商业计算领域（如 COBOL 语言在银行业的广泛应用）。特别值得一提的是，在计算机发展史上具有里程碑意义的大型机——IBM 360 系列机中，出现了最早的和硬件系统解耦的主机操作系统——OS/360 操作系统。OS/360 操作系统对 IBM 360 系列机的推广应用起到了非常重要的作用，同时也对日后的软件技术和软件产业产生了很大的影响。尽管 OS/360 操作系统还是和 IBM 硬件捆绑在一起销售，但人们已经开始意识到软件的重要性。

也正是在这个时期，计算机作为一门学科开始形成，其学科体系不断完善，软件学科成型并得到快速发展，程序员也开始逐渐成为一个专门的职业。总体来看，在软硬一体化阶段，软件还是作为硬件的附属品存在，基本面向大型机/小型机设计，应用领域有限，其移植性和灵活性也比较差。

2. 产品化、产业化阶段

1973 年，Charles Thacker 设计与实现了第一台现代个人计算机 Xerox Alto（他后来也因此贡献而获得图灵奖），可以将其视作 PC 时代的开端。随着 PC 的广泛应用和软件的产品化，软件在计算机技术和计算机产业中的比重不断加大，地位越来越重要，由此催生了人类历史上第一波信息化浪潮，即以单机应用为主要特征的数字化阶段（信息化 1.0）。拉里·埃里森创办的甲骨文公司，被认为是历史上第一个"纯粹的"软件公司；而比尔·盖茨创办微软公司，则是软件发展历程中的一个里程碑事件，它标志着软件开始正式成为一个独立产业，并开始应用于几乎所有领域。在这个时期，软件主要以面向单机的"复制"产品形态存在，通过付费版权的形式对外发售，几乎不再与硬件捆绑销售。软件逐渐颠覆了传统计算机产业"硬件为王"的格局（如 Windows 和 Office 成就了微软在 PC 时代的垄断地位），开始成为 IT 产业的主导者。同时，软件在各个行业领域的不断普及，也极大地影响甚至改变了人类生产和生活方式（如办公软件的出现，彻底改变了人类传统的办公方式）。作为一种"无污染、微能耗、高就业"的新兴产业，从这个时期起，软件产业开始大幅度提高国家整体的经济运行效率，其自身也在不断形成庞大的规模，拉动国民经济指数快速增长，软件产业逐渐成为衡量一个国家信息产业水平，甚至是综合国力的标志之一。

3. 网络化、服务化阶段

自 19 世纪中期开始，互联网开始其商用进程并快速发展普及，同时也推动了软件从单机计算环境向网络计算环境的延伸，带来了第二波信息化浪潮，即以联网应用为主要特征的网络化阶段（信息化 2.0），软件开始逐步进入网络化、服务化阶段，并覆盖社会经济生活的方方面面。在互联网环境下，软件的形态也发生了重大的变化，"软件即服务"（Software as a Service，SaaS）成为一种非常重要的网络化软件交付形态和使用方式。不同于传统的面向单机的复制形态，"软件即服务"使得人们不必再拥有软件产品的全部，而是可以通过互联网在任何时间、任何地点、任何设备上，直接与软件提供者连接并按需获取和使用软件的功能。例如，相对于传统单机版的 Office，微软 Office 365 和 Google Docs 等均基于云端部署和提供服务，用户不必在本机安装和更新升级，只需通过客户端程序（如浏览器）连入互联网就可以访问和使用所需要的功能。这种"不求拥有，只求使用"的特性只有通过软件和互联网的结合才能实现，这也从一定程度上推动了软件产业从"以产品为中心"的制造业向"以用户为中心"的服务业转型。这一阶段软件形态的另一个重要变化是 App 化和应用商店模式。伴随着 2010 年前后移动互联网和智能终端设备的大量普及，应用商店模式得到了快速发展，在苹果 Apple Store、谷歌 Google Play 以及大量第三方应用商店上，已经汇集了数十万应用开发者和他们开发的数百万的 App，累计下载数百亿次。用户通过 App 来连接并访问互联网上的各种信息服务，实现线上社交和互联沟通（如微信和 Facebook 等）；而应用商店则提供了一个平台，使得开发者和用户更紧密地连接在一起。互联网的快速发展和深度应用，催生了各种新的商业模式和盈利模式，并开始颠覆传统行业（如唱片业、交通行业、邮政等）。如果说，互联网的核心价值是"连接"，那么，软件就是实现"连接"的基础使能技术。

随着互联网及其延伸带来的信息技术的普及应用，软件不断渗透到人类生产和生活的各个角落，支持我们对各类资源进行更加有效的管理和使用，为我们提供更加便利的服务，提高生产效率和生活质量。正如互联网名人堂入选者、著名的网景通信公司创始人 Marc Andreessen 所说，软件正在吞噬整个世界（Software eats the world）！

当前，软件呈现出"基础设施化"的趋势。一方面，软件自身已成为信息技术应用基础设施的重要组成部分，以平台方式为各类信息技术应用和服务提供基础性能力和运行支撑。另一方面，软件正在"融入"到支撑整个人类经济社会运行的"基础设施"中，特别是随着互联网和其他网络（包括电信网、移动网、物联网等）的不断交汇融合，软件正在对传统物理世界基础设施和社会经济基础设施进行重塑和重构，通过软件定义的方式赋予其新的能力和灵活性，成为促进生产方式升级、生产关系变革、产业升级、新兴产业和价值链的诞生与发展的重要引擎。软件"赋能、赋值、赋智"的作用正在被加速和加倍放大，软件将对人类社会的运行和人类文明的发展进步起到重要支撑作用。正如 C++ 编程语言发明者 Bjarne Stroustrup 所说，人类文明运行在软件之上（Our civilization runs on software）。

二、软件定义的时代

互联网和其他网络（包括电信网、移动网、物联网等）的交汇融合，进一步推动了人类社会与信息空间、物理世界的融合，形成新的人机物融合的环境。作为互联网的延伸，人机物融合标志着我们从终端互联、用户互联、应用互联开始走向万物互联，信息技术及其应用更加无处不在，"大数据"现象随之产生，信息化的第三波浪潮（信息化 3.0），即以数据的深度挖掘与融合应用为主要特征的智能化阶段正在开启。

人机物融合环境下，信息基础设施蕴含着覆盖数据中心（云）、通信网络（网和边缘设备）和智能终端及物联网设备（端）的海量异构资源，而信息技术及其应用开始呈现出泛在化、社会化、情境化、智能化等新型应用形态与模式，需求多样且多变。人机物融合环境下的新型应用对软件"基础设施化"提出了新的要求：软件平台需要更好地凝练应用共性，更有效地管理资源，并根据频繁变化的应用需求和动态多变的应用场景对各类资源进行按需、深度、灵活的定制。而现有的软件平台主要面向传统计算模式的应用需求，存在很大的局限：纵向上看，各类资源紧密耦合难以分割，很难根据应用特征进行性能优化，难以对底层资源进行弹性可伸缩的调度及分配；横向上看，各类资源被锁定在单个应用系统的内部，形成大量的"信息孤岛"，难以实现互联互通。因此，现有软件平台的资源分配方式固定且有限，个性化定制能力严重不足，制约了人机物融合应用的发展。为了应对这些挑战，就需要实现海量异构资源的深度"软件定义"。

1. 软件定义的兴起

"软件定义"是近年来信息技术的热点术语。一般认为，"软件定义"的说法始于"软件定义的网络"（Software-Defined Network，SDN）。在传统的网络体系结构中，网络资源配置大多是对各个路由器/交换机进行独立的配置，网络设备制造商不允许第三方开发者对硬件进行重新编程，控制逻辑都是以硬编码的方式直接写入路由器/交换机的，这种以硬件为中心的网络体系结构，复杂性高、扩展性差、资源利用率低、管理维护工作量大，无法适应上层业务扩展演化的需要。2008 年前后，斯坦福大学提出"软件定义网络"，并研制了 OpenFlow 交换机原型。在 OpenFlow 中，网络设备的管理控制功能从硬件中被分离出来，成为一个单独的完全由软件形成的控制层，抽象化底层网络设备的具体细节，为上层应用提供了一组统一的管理视图和编程接口（Application Programming Interface，API），而用户则可以通过 API 对网络设备进行任意编程，从而实现新型的网络协议、拓扑架构，并且不需要改动网络设备本身，满足上层应用对网络资源的不同需求。2011 年前后，SDN 逐渐被广泛应用于数据中心的网络管理，并取得了巨大的成功，重新

"定义"了传统的网络架构，甚至改变了传统通信产业结构。在 SDN 之后，又陆续出现了"软件定义"的存储、"软件定义"的环境、"软件定义"的数据中心等。可以说，针对泛在化资源的"软件定义一切（Software-Defined Everything，SDX）"正在重塑传统的信息技术体系，成为信息技术产业发展的重要趋势。

2. 软件定义的本质

实现 SDX 的技术途径，就是把过去的一体化硬件设施打破，实现硬件资源的虚拟化和管理任务的可编程，即将传统的"一体式（Monolithic）"硬件设施分解为"基础硬件虚拟化及其 API + 管控软件"两部分：基础硬件通过 API 提供标准化的基本功能，进而新增一个软件层替换"一体式"硬件设施中实现管控的"硬"逻辑，为用户提供更开放、灵活的系统管控服务。采取这种技术手段的直接原因是互联网环境下新型应用对计算资源的共享需求，以云计算、大数据为代表的新型互联网应用要求硬件基础设施能够以服务的方式灵活地提供计算资源，而目前的计算资源管理、存储管理、网络管理在很大程度上是与应用业务脱离的，几乎都是手工管理、静态配置、极少变动、分割运行的，难以满足上层应用对计算资源个性定制、灵活调度、开放共享的需求。而要满足上述需求，就必须改变目前应用软件开发和资源管理各自分离的情况，使得计算资源能够根据应用需求自动管理、动态配置，因此，"软件定义"就成为一个自然选择。通过"软件定义"，底层基础设施架构在抽象层次上就能趋于一致。换言之，对于上层应用而言，不再有因异构的计算设备、存储设备、网络设备、安全设备导致的区别，应用开发者能根据需求更加方便、灵活地配置和使用这些资源，从而可以为云计算、大数据、移动计算、边缘计算、泛在计算等信息应用按需"定义"适用的基础资源架构。

需要指出的是，尽管"软件定义"是近年来出现的概念，但其依据的硬件资源虚拟化和管理任务可编程这两个核心原则一直都是计算机操作系统设计与实现的核心原则。计算机操作系统作为一种系统软件,向上为用户提供各种公共服务以控制程序运行、改善人机界面,向下管理各类硬件资源。因此,从用户的视角来看,操作系统就是一台"软件定义"的"计算机";从软件研究者的视角来看,操作系统集"软件定义"之大成。就此而言,所有的 SDX 在本质上都没有脱离操作系统的三层架构的范畴,均符合硬件资源虚拟化与管理任务可编程的技术原理。

"软件定义"和软件化是两个不同的概念。软件化仅仅描述了根据业务需求来开发具有相应功能的软件应用系统的过程,关注的是行业知识、能力和流程等软件实现;而"软件定义"则是一种方法学及其实现的技术手段,其关注点在于将底层基础设施资源进行虚拟化并开放 API,通过可编程的方式实现灵活可定制的资源管理,同时,凝练和承载行业领域的共性,以更好地适应上层业务系统的需求和变化。无论是"软件定义"的网络、"软件定义"的存储、"软件定义"的数据中心还是其他"SDX",就其技术本质而言,均意味着构造针对"X"的"操作系统"。

未来的面向人机物融合的软件平台,将是对海量异构基础设施资源进行按需、深度"软件定义"而形成的泛在操作系统(Ubiquitous Operating System)。因此,"软件定义"是实现人机物融合环境下软件"基础设施化"的重要技术途径。

3. 软件定义的机遇

人机物融合环境下,万物皆可互联,一切均可编程,"软件定义"成为信息化的主要发展脉络。随着人机物融合环境下基础设施资源发生的巨大变化,"软件定义"正在逐渐走出信息世界的范畴,其内涵和外延均产生了新的发展,面临着新的机遇。

"软件定义"不再局限于计算、存储、网络等传统意义上的基础硬件资源，还覆盖云、网、端的各类资源，包括电能、传感、平台、应用等软/硬件，以及数据和服务资源等。"软件定义"概念正在泛化，"软件定义"将实现从单一资源的按需管控到全网资源的互联互通的跃进，支持纵向全栈式、横向一体化的多维资源按需可编程，最终形成面向人机物融合应用的基础设施架构。

另一方面，"软件定义"正在向物理世界延伸。在"工业互联网"和"工业4.0"的发展蓝图中，"软件定义"将成为核心竞争力。例如，制造业需要实现硬件、知识和工艺流程的软件化，进而实现软件平台化，为制造业赋予数字化、网络化、定制化、智能化的新属性。伴随着"软件定义"的泛化与延伸，软件将有望为任意物理实体定义新的功能、效能与边界。

在IT不断泛在化并不断向物理世界延伸的基础上，"软件定义"将向人类社会延伸。通过"软件定义"的手段，可以为各领域的"虚拟组织"（如家庭、企业、政府等）打造更加高效、智能、便捷的基础设施。例如，"软件定义的城市"不仅将城市中各类信息/物理基础设施进行开放共享和互联互通，还需要为政务、交通、环境、卫生等社会公共服务部门构造数据流通交换和业务功能组合的API，支持这些部门的智能联动，实现动态高效的、精细化的城市治理。

4．软件定义的挑战

要实现更加全面、灵活和有深度的"软件定义"，软件研究者需要面对一系列的技术挑战。

- 体系结构设计决策问题。"软件定义"本质上需要抽象其管控的资源，因此需要从体系结构角度来合理地划分和选择受管控元素的"粒度"

和"层次"。随着"软件定义"概念的泛化,如何界定软件和硬件的功能,如何划分、组装、配置相应元素,成为值得探究的问题。

- 系统质量问题。"软件定义"在现有的基础设施资源上加入了一个虚拟的"软件层"来实现对资源的灵活管控。这就需要合理平衡管理灵活化和虚拟化后带来的性能损耗(如与直接访问原系统相比)。同时,还需要考虑降低"软件层"的复杂性和故障率,并在故障发生时高效、精确地定位故障并进行快速修复,以保障整个系统的可靠性。"软件定义"本质上实现了应用软件和底层资源在逻辑上的解耦,因此,还需要保证这两部分在运行时刻可以分别进行独立的扩展和演化,并保持整个系统的稳定。

- 系统安全问题。"软件定义"使得资源管理可编程,在带来开放性、灵活性的同时,也会带来更多的安全隐患。尤其是对于工业控制等安全攸关的领域来说,这些安全隐患可能会带来难以估量的财产和生命损失。因此,如何保障"软件定义"后系统的安全性,是"软件定义"的方案设计、实现和部署实施中必须考虑的问题。

- 轻量级虚拟化技术。虚拟化实现了对硬件资源的"软化",是"软件定义"的基础技术,但现有的以虚拟机为单位的技术应用于大量新型设备(如智能终端和物联网设备)后,难以满足其性能和实时性要求,因此需要发展轻量级虚拟化技术。已有的一些进展,如以 Docker 为代表的容器技术,可以对主流的 hypervisor 虚拟化技术进行发展和补充,从而简化对资源的管理和调度,大幅提高资源利用率和管理效率。

- 原有系统到"软件定义"系统平滑过渡。为了使原有系统平滑过渡到"软件定义"系统,往往需要对已有的资源进行大幅度改造,甚至需要安装新的硬件并开发新的管理系统。这样会面临人力、时间、经济、风控等多方面因素。因此,实现平滑过渡也需要合理的方案。

- 高度自适应的智能化软件平台。从软件技术角度看，未来人机物融合需要高度自适应的智能化软件平台。目前的软件平台大多是以硬件资源为中心的，如果基础设施层发生变化，软件平台必然会发生改变，软件平台上运行的应用往往也需要随之发生相应的改变。理想的方式是未来的软件平台具有预测和管理未来硬件资源变化的能力，能适应底层资源的变化而不改变自身和软件平台上运行的应用系统。学术界已经开始在这方面进行尝试和探索，例如，2014 年，美国 DARPA 宣布支持"可运行一百年的软件系统"的研究项目，希望构造出能动态适应资源和运行环境变化的、长期稳定运行的软件系统（Resource Adaptive Software System）。

三、展望与寄语

如上所述，软件作为信息技术产业的核心与灵魂，发挥着巨大的使能作用和渗透辐射作用，在支撑人类社会运行和人类文明进步中将发挥重要的"基础设施"作用。"软件定义"则是实现软件"基础设施化"的重要方法学和关键技术途径，"软件定义"将成为推动信息技术和产业变革、引领其他行业信息化变革的新标志与新特征，开启人机物融合应用的新世界图景。

电子工业出版社与工业和信息化部电子第五研究所联合推出的这套"软件定义系列丛书"，基于对当前经济社会和信息技术发展趋势的认识和把握，针对"软件定义"这一热点，对其产生背景、技术内涵、价值意义、应用实践等进行阐述，剖析"软件定义"在 IT 行业、制造与服务行业、经济社会等诸多领域产生的作用和影响，这是一件很有意义的工作。这套丛书从科普的角度叙述"软件定义"的发展历程，同时伴有丰富的相关领域的典型案例，既可以作为信息技术从业人员和科研人员的参考书来加深对"软件定义"的理解和认识，也可以作为各地经信委等政府部门的工作人员、企业管理人员、创业者等的参考书，起到开阔眼界、辅助决策的作用。希望本套丛书的出版，能够为推动我国信息技术产业发展、建设制造强国与网络强国、建设数字中国、发展数字经济贡献一份力量。

梅 宏

2019 年 12 月

注：本文曾刊载于《中国软件和信息服务业发展报告（2018 年）》，作为本丛书序，略有修改补充。

前　言

当前，"以机械为核心的工业"正向"软件定义的工业"转变。工业软件被重新定位，从工业信息化发展的辅助工具，提升为推动工业数字化转型的重要基础。未来的工业是数字化工业，其核心特征是软件定义，而工业软件则是基石。

新型工业化是以中国式现代化推进强国建设和民族复兴伟业的内在要求，是工业现代化发展的方向。我国正处于由"工业大国"向"工业强国"迈进的关键期，加快发展工业软件产业，推动我国工业转型升级，向全球价值链中高端跃升，是推进新型工业化的必然要求。"十四五"期间，工业和信息化部组织实施产业基础再造工程，将工业软件中的重要组成部分——工业基础软件与传统"四基"［关键基础材料、核心基础零部件（元器件）、先进基础工艺和产业技术基础］合并为"五基"。特别是在科技自立自强的背景下，工业软件定位于"最紧急、最紧迫的问题"，是"国家急迫需要和长远需求"的关键核心技术，发展工业软件已经成为当务之急。

本书从背景、概念、产业、企业、政策等方面对工业软件进行系统阐述，研究工业软件产业生态，力争为我国工业软件产业发展提供有益参考。

全书共分为 5 章。

第 1 章介绍了发展工业软件的时代背景。第四次工业革命迅猛推进，软件定义制造破茧而出，工业软件成为第四次工业革命的核心竞争力。同时，本章还分析了第四次工业革命的基本特征，系统地介绍了软件定义制造的发展态势、主要内涵和基本框架，以及工业企业软件化的现象、内涵和变革，指出工业软件起到的重要作用，凸显当前发展工业软件的重要意义。

第 2 章介绍了对工业软件的认识。本章以"知识的承载、积淀与传播方式演变"为主线，阐述了工业软件的逻辑，从工具、知识、属性三个视角分析了工业软件的内涵，阐述了工业软件的要素和发展路径，并对工业 App、工业软件与工业互联网的关系进行了分析。

第 3 章以设计仿真软件为例，介绍了工业软件产业的基本情况。设计仿真软件是工业软件的"皇冠"。本章对设计仿真软件的发展历程、产业的国内外细分差距、各行业的应用需求、生态链构建等进行了详细阐述。

第 4 章介绍了工业软件企业的成长。本章以达索系统公司为例，分析了工业软件企业的发展路径，并以工业软件企业并购、投融资为重点，展示了工业软件企业成长中的重要环节。

第 5 章介绍了发展工业软件相关的政策体系。本章主要介绍了当前国内工业软件领域的政策体系情况。

作者近几年来以"大学习、深调研"为愿景，对工业软件的技术、企业、产业和政策进行研究，形成若干文章和报告。本书是作者对过去几年工作学习的梳理总结。

本书得以出版，首先在于得到了王蕴辉、杨晓明、陈平、边磊等领导的大力支持和帮助，为作者提供了良好的工作和学习平台，给予了作者成长的机会，这是本书的源头；也离不开中国赛宝智库提供的有力支撑；离不开研究过程中多位专家的帮助（详见本书的后记与致谢章节）；离不开本书的责任编辑牛平月付出的大量辛劳，在此一并感谢。

受限于水平与时间，书中难免对迅猛发展的工业软件存在阐述不到位甚至不确切之处，衷心希望广大读者给予批评指正，以利后期修订与再版。

谢克强

2023 年 12 月

目　录

第 1 章

理解工业软件：
软件定义未来制造

世界正处于百年未有之大变局。科学技术发展日新月异，深刻改变着人类的生产组织形态、国家治理形态及人们的生活方式，其影响前所未有，把人类社会推向第四次工业革命的起点。只有把握第四次工业革命的基本特征，了解未来工业的形态，才能理解工业软件的价值。

1.1　第四次工业革命的基本特征

第四次工业革命的浪潮涌来，全球工业正经受着前所未有的冲击，不断调整和变革，出现以新一代信息技术与传统制造业的深度融合为特征的新一轮创新浪潮。以机器人、数字化制造、3D打印、智能工厂、网络化制造等为代表的智能制造技术正在孕育着制造技术体系、制造模式、产业形态和价值链的巨大变革，智能制造已经成为制造业发展的趋势。基于信息物理系统（Cyber-physical System，CPS）的智能工厂正在引领制造方式向智能化方向发展；云制造、网络众包、异地协同设计、大规模个性化定制、精准供应链、电子商务等网络协同制造模式正在重塑产业价值链体系，将使制造技术体系、制造模式、产业形态和价值链发生巨大变革，以不同方式呈现出未来工业的景象。我们可以用八个关键词勾勒出未来工业的基本特征。

关键词一：复杂性。

近几十年来，技术开发面临的最大挑战是产品乃至系统无限增加的复杂性。与此同时，这还导致开发和制造过程的复杂性也倾向于无限增加。从产品方面看，复杂性的增加是由对产品要求的增加而引起的（比如新功能）；从过程方面来看，导致复杂性增加的因素有产品的个性化和地域化、过程的加速等，协作网络在全球的扩张也是复杂性增加的原因之一。目标系统的复杂性越来越高，产品生命周期的参与者形成的网络分支越来越多。这些因素叠加起来的复杂性呈指数级增长。

如果没有更好的整合措施，不能在提高效率的同时提高灵活性，就会导致效率降低。传统的方法、手段和结构不足以稳定地应对这种复杂性，在过去几十年不断专业化的过程中缺少这样一种教育理念：理解全局并能领导和负责一个复杂技术系统的开发。

关键词二：数据。

随着复杂性的增加，必须多方面调整现有结构和发展跨学科的体系，其障碍是传统组织间的分隔及专业指导的缺失。对企业组织来说，还有一个更有意义的问题：如何才能改变目前这种开发、实验、生产规划、制造和服务相分隔的局面？答案是只有软件和网络化能解决这个问题。到现在仍处于大规模分隔状态的部门必须实现数据的流通，而且是双向流通，只有这样，企业才可以依靠共有数据逐步改变。

第四次工业革命引发生产范式变革，推动形成数据驱动工业模式，构建一套数据采集、存储、管理、计算、分析和应用的工业大数据资源体系，即将正确的数据在正确的时间传递给正确的人和机器，通过更加精准的状态跟踪和数据分析，提升数据在产品的设计、制造、运行和维护等阶段的能力，从杂乱无章的原始数据到具有价值的决策信息，由此形成用数据生产、管理和决策的生产范式。

数据将成为能带来高效增值的极有价值的原始材料，生产流程智能化的实质是在研发、生产等过程中，通过数据驱动来提高整个过程的针对性、准确性、灵活性及高效性，最终实现对质量的实时管理和精准控制，生产出高质量的产品，提供高质量的服务。核心的挑战在于及时访问数据，了解数据并确定数据之间的关联，最后得出有用的结论。只有数据真正实现处处实时流动才会发生些什么！虽然在工程过程的不同阶段会用到多种工具，但是数据要确保一致。数据的通用性只可能通过全面的产品生命周期管理（Product Lifecycle Management，PLM），或者通过全面的系统生命周期管理（Systems Lifecycle Management，SysLM）来确保。

关键词三：软件。

工业企业要在未来长期保持竞争优势，必须做好三件事：提高生产力、重视节能增效、提高生产灵活性。工业产品和服务全面交叉渗透，这种渗透可借助软件，通过在互联网和其他网络上实现产品及服务的网络化而实现。随着工业中虚拟与现实的交互性不断加强，生产方式必将因软件技术的应用而发生根本性改变。工业软件的智能应用和研发将成为影响工业发展的一个决定性因素。软件不再仅为了控制仪器，或者执行具体的工作程序而编写，也不再仅被嵌入产品和生产系统中。数字化转型涵盖了几乎所有生产流程，虚拟世界与现实世界不断交互融合，对产品和产品生命周期中的每一个环节优化整合的软件已经被推广到了各个工业领域。

如今是一个创新软件与高性能硬件、虚拟网络与现实生产环节交错的时代。所有产品的研发和生产过程都需要软件。软件在产品设计、生产规划、生产工程、生产实施、生产服务等生产流程中都会起到重要作用。

产品研发和生产过程是一个统一的整体，工业企业必须考虑到产品生命周期每个环节的成本。功能强大的硬件只有以振兴工业软件为支撑，才能使自动化和驱动技术产生根本的进步。

开发和集成的软件数量达到某个点时，工作本身便会发生质变。几乎所有企业最终都会达到一个点，在这个点上，软件不是一种被添加进来并且需要被重视的东西，而是直接成为主角，其他任何东西都与软件有关，甚至都由软件所决定。我们期待由量变到质变的拐点的到来，并将为此做好准备。

关键词四：模型。

模型是预测、优化及决定是否对系统进行干预的基础。分析大数据可以让我们更好地理解智能对象和智能系统，理解它们可以借助模型来对系统进行数学描述。我们可将模型的行为与真实情况进行比较。例如，我们可将传感器数据与物流网数据进行比较，并据此不断地改进模型，直到模型与智能对象或智能系统建立了足够精确的关联。

我们需要首先以某种方式对系统结构进行建模，并且确保此模型能够作为相应系统数据管理模型的基础，然后使系统的开发过程以完全不同的形式进行系统化。随着信息物理系统的应用，产品定义方式将是基于模型的定义。

从信息技术的角度看，向建立在语义一致性基础上的模型的应用过渡很重要。为了解决超大型目标领域的本体一致性问题，建立更好的协调关系可以更好地整合目前被区别看待的目标领域，包括产品领域（电力、电子、软件和机械）、利益相关方（组织单位、角色）和增值网络中的过程，也包括各种增值网络内部产品生命周期的各个阶段。这一整合的基础在于语义上的统一，即对增值实体、过程和扩大的目标领域（建模）内部数据进行形式的、一致性的描述。

关键词五：系统工程。

随着复杂性的不断增加，软件技术和嵌入式的电子技术应用比例不断增大，与传统产品相比，现今的产品都具备一定的系统特征。产品系统化的过程具有多样化的特点：日益开放的系统、数据交换、集成。

产品开发不可避免地成为系统工程。系统工程国际委员会规定，系统工程是一门学科，其职责是创建和实施一个跨学科的流程，以确保在整个产品生命周期内实现高品质、高可靠性、高性价比和在预定的时间内达到客户/利益相关者要求的目标。系统工程是从系统概念出发，以最优的方法求得整体系统的最优的、综合化的组织、管理、技术和方法。

系统一般会显示出跨学科的技术设计、复杂多样的表现和内外部紧密的依赖关系。机械工程师、电气工程师、计算机工程师、机电一体化工程师和数学家要合作进行跨学科的开发，必须从传统产品成熟的模块设计原理中进一步开发出一种方法——通过这种方法不仅能控制纯粹的模块元件组装，而且能灵活掌握集成子系统的技术。

有针对性的系统工程的重点在于减少复杂性。这意味着为了能够抛开技术细节对系统的主体进行研究，应有一个尽可能抽象的简化模型。这样做的最大优势是可以将系统的功能性和逻辑性与实现它们的技术解耦。找到全面的系统生命周期管理方法的一个关键因素在于系统工具模型的开发。这种系统工具模型必须以结构化方式包含系统的所有主要数据，并且以特殊的方式进行软件、电子和机械的组合。

所有相关学科的设计方法和计划方法，都要经过检验，以确定它们是否符合产品开发的跨学科过程模拟的标准，能否转化为一个综合的跨学科的通用解决方案、跨学科工艺解决方案和信息技术解决方案。系统工程通过对整个产品生命周期进行跨学科思考来解决产品开发问题。由此，基于模型的系统工程（Model-based Systems Engineering，MBSE）应运而生，这是一种以开放阶段特定的数字系统模型为基础，贯穿整个产品开发过程的跨学科方法。

现今的系统是"异构物理系统"，由软件组成部分、电子组成部分、机械组成部分和物质实体构成。这类系统模型的建模也是开发的一个重大难题。半公式化的建模语言和基于模拟的建模语言都支持跨学科系统开发。

如今，基于模型的系统工程已从航空、航天等领域向汽车、轨道交通、电子信息制造等领域拓展应用，许多大企业都将基于模型的系统工程作为重要的工程方法。在可预见的未来，随着产品越来越复杂，基于模型的系统工程将得到更广泛的应用。

关键词六：集成。

以信息技术为基础，整合软硬件的系统又被称为嵌入式生产系统。该系统的应用，一方面，使企业与企业之间纵向一体化程度加深；另一方面，在从预订到交货的横向一体化中，各个环节也被紧密联系起来了。

将虚拟世界和现实世界融合，实现从车间到企业管理层的双向信息流和数据协同优化是通往"工业4.0"的必由之路，而全面集成是实现"工业4.0"的必要条件。集成一般包括纵向集成：企业内部的系统集成；横向集成：构建企业之间的社会网络，实现企业之间的信息合作、资源整合与协同共享；端到端集成：围绕特定产品的一个动态的系统集成。

关键词七：数字化企业。

工业领域的数字化，需要解决"信息孤岛"问题；考虑行业的差异和针对不同软件的特殊性；数字化企业的标准化和开放性；确保具备使数字化企业和真实企业相集成的工具和通信结构，使两者相互融合。

消除阻挡在各学科之间的"壁垒"是数字化企业发展的前提。所有类型的数据，特别是只能用数字化表现出来的数据，都必须保证无须复杂转化过程即可被相关参与者实时使用。产品研发过程是一个大规模迭代的过程，必须确保数据在繁复的变化中随时可以被长久保存下来。特别是在协作工程环节，需要被考虑的不仅是数据格式、接口，还有通用的数据管理。因此，在关键领域必须使用统一的数据模型。

利用虚拟技术将物理活动变为数字化活动，可使开发活动变得更加灵活，资源配置得到优化，甚至实现生产元素的逐个优化。利用工业软件，可实现价值创造链各个环节的紧密相连，优化生产过程。

关键词八：人。

"工业4.0"时代并不是用机器或软件取代人，相反，人的能动性在"工业4.0"的发展进程中所起的作用有增无减。新型的生产模式不仅要求员工对日益增加的复杂性有一定的掌控能力，还要求员工对工作有认真负责的态度。员工从服务者转变成了操纵者、协调者。未来的生产还需要员工成为决策和优化过程中的执行者。当虚拟世界和现实世界高度融合的时候，知识和生产彼此间也是相互促进的，未来的岗位会更加注重技术专业性，这对人才培养来讲是一个新的挑战。

1.2　软件定义制造

1.2.1　软件定义制造的发展态势

在第四次工业革命中，软件发挥着核心作用。软件不仅定义了传统计算机硬件的功能和性能，而且通过信息技术与传统产品（系统）的嵌入和融合，构建了产品的"数字孪生体"，并通过对数据的实时采集、高效传输、优化决策、智能控制等，实现了对广义硬件的功能、性能的定制和优化，极大地增强了产品（系统）的自动化、智能化程度。

在以新一代信息技术与传统制造业的深度融合为特征的新一轮创新浪潮中，软件定义带动技术、产品、业态、模式等不断创新，深刻变革工业产品研发设计、工艺制造、经营管理模式，激发创新应用，高效配置资源，提高生产效率，提升企业核心竞争力，推动产业转型升级。软件正在定义汽车、飞机、电池等几乎所有的东西。软件是新一轮工业革命的核心竞争力，正成为各国的共识。软件定义制造将成为未来工业发展的重要趋势之一。

各国围绕"再工业化"进行的先进制造业战略布局，其核心是软件在制造业中的深度渗透。

德国"工业 4.0"构建基于 CPS 的新型制造体系。这是一次现代信息和软件技术与传统制造业生产相互作用的革命性转变。"工业 4.0"战略中的关键技术与理念处处可见软件的身影，可见其重要性，且发展势头迅猛。

以工业软件为主角的信息技术是产业变革的核心推动力，它可以实时感知、采集、监控生产过程中产生的大量数据，促进生产过程的无缝衔接和企业间的协同制造，实现生产系统的智能分析和决策优化，从而使生产方式向智能制造、网络制造、柔性制造方向变革。

美国的"全美制造业创新网络"将软件提升到一个很重要的位置，并分为数字制造与智能制造两条主线。作为数字制造的主导部门，数字制造与设计创新研究院（DMDII）早在 2015 年 7 月就启动了数字化制造的开源软件项目数字制造公共平台（DMC）；作为智能制造的主导部门，智能制造领导联盟（SMLC）强调将采用开源的数字平台和技术集成的方式，将先进的工业软件、传感器、控制器、平台和建模技术集成到商业化的智能制造系统中。与此同时，充分利用云计算技术和灵活的软件开发架构，提供实时分析工具、基础设施和各种工业应用，确保所有美国企业，无论是大企业还是中小企业都受益。

从我国来看，自改革开放以来，我们紧跟发达国家的步伐，抓住全球产业大势，特别是将新一代信息技术和传统的制造技术有机融合，制造业取得了很大的成就，逐步发展成世界第一大制造体系（总规模）。我国高度重视软件在制造业发展中的重要作用，《国务院关于深化制造业与互联网融合发展的指导意见》（国发〔2016〕28 号）提出"强化软件支撑和定义制造业的基础性作用"，工业基础软件在 2020 年成为产业基础再造工程的"第五基"。

软件技术正在构建智能化的生产模式和产业结构，支撑新一代信息技术和制造业深度融合，引发影响深远的产业变革，形成新的生产方式、产业形态和增长方式。各国的制造业发展战略都是在这样的背景下提出来的。其目的就是借助新一代信息技术革命的制高点发展制造业，带动经济增长。各种先进理念都是通过软件再造业务流程，实现向数字化、网络化、智能化、服务化的方向发展的目标。

1.2.2　软件定义制造的主要内涵

软件定义制造是一个正在发展演变的概念，涉及软件、工业等多个领域。不同领域的人从各自的背景出发，对软件定义制造的内涵形成不同的认识，主要可分为软件业侧和工业侧两类观点。

1. 软件业侧观点

软件定义制造通过软件将工厂的底层制造设备等资源、能力、功能虚拟化，整合为资源池；生产车间在对数据进行收集、存储、建模和初步统计分析后形成信息，进一步通过分类、归纳、演绎和预测等将其深度整合成知识，并将这些知识汇总、沉淀到软件平台；软件平台动态感知业务的资源需求，智能地动态分配和组合资源，并且，智能设备在软件平台的控制下，对设计规程、制造指令、运维告警进行精确响应，灵活调整运行参数，生产出影响物理世界、服务大众生活的产品。具体来说，软件定义制造具有三大内涵。

1）物理资源虚拟化

底层的服务器、存储、网络，以及制造设备、物料资源等物理资源构成了工业基础设施。物理资源虚拟化形成了软件定义的工业基础设施。将各种物理资源抽象、转换后呈现出来，打破物理设备结构间的不可切割的障碍，这些虚拟的资源不受现有资源的架构方式、地域或物理设备所限制，并被当成一种逻辑上的资源加以控制和管理。将这些资源统一管理，进行"池化"，并对这些"池化"的资源进行按需分配和重新组合。

2）管控软件平台化

管控软件平台是整合内外部跨组织、跨平台的信息枢纽，可实现数据的互联互通；是研发生产的资源与能力汇聚枢纽，可实现制造资源泛在连接、深度协同、弹性供给、高效配置；是组织管理的逻辑枢纽和指挥中枢，可实现智慧化经营管理。

管控软件平台化是形成以软件平台为核心的边缘计算平台、大数据平台、云平台、信息管理平台等，构建平台化的资源汇聚与互联体系。通过软件实现工业技术、经验、知识的模型化、标准化、软件化，并将制造资源与制造能力沉淀到平台，基于软件复用来实现"知识自动化"，并通过平台来驱动各种资源，打破各个业务运行环境的分离和隔阂，进行敏捷生产和制造，进而驱动业务流程重构和组织再造。

（1）通过构建高度集成、智能和协作的软件平台，支撑生产全要素、全流程、全产业链、全生命周期管理、产销互动的全场景资源的统一管控与按需配置，由原来的需求变化必须通过硬件资源平台变化来实现，转变为通过一个深度软件定义的平台可以灵活地定义、管理各种资源，从以硬件资源为核心走向以软件平台为核心。

（2）通过机器硬件的软件虚拟化，实现机器硬件的灵活组合、通信互联和智能控制，面向特定领域或个性化生产任务实现软件定义的深度定制。特别是当设备、产品和业务活动基于 CPS 而联成网络（工业互联网）时，软件以工业互联网平台的形式起到关键基础设施作用，为工业提供一个设备高度互联、数据自动流动、要素优化配置的赋能环境，以工业软件形式定义工业各个流程中的各种业务活动；在制造平台的基础上面向多样性需求，开展个性化定制生产，实现软件定义下的订单驱动型制造模式；基于工业大数据、人工智能技术和软件平台，支持企业经营管理、设计制造、供应链、销售、服务等业务的优化决策，实现软件定义下的全业务智能化模式。

3）功能应用模块化

要在软件平台化的基础上实现垂直行业的应用，具体来讲，在平台的基础上，结合特定行业需求，将软件与企业的业务深度融合，通过丰富开放的 API（Application Programming Interface，应用程序编程接口），将行业知识与能力进行沉淀、复用和重构，封装成功能模块，并进行动态集成，有针对性地开发行业应用和解决方案，在平台上形成垂直应用集群，直接对外提供服务，加速制造业务能力的输出。这种方式不受硬件资源管理的约束，互联互通、深度协同，业务应用的智能化由软件实现，设备的种类及功能由软件配置而定，打破了对业务的封闭，实现了更多的功能，提供了更为灵活、高效和多样化的服务。具体来讲，一方面可以通过专业应用来提高生产效率，创新企业的设计研发、生产制造、运营、营销和服务全生命周期的模式；另一方面可以灵活运用多种应用来满足日益变化的业务需求。基于软件化应用可帮助企业从基于产品模式向基于服务模式演进（独立产品→产品+远程协助→产品+增值服务→服务平台），增加收入并增强客户黏性，实现价值链的延伸。

制造业中软件定义的方法需要形成模块化开放体系架构：首先通过软硬件解耦，将系统分解为一系列标准化的软硬件模块；接着将工程技术以模块形式软件化，使产品研制过程像搭积木一样；最后对这些模块进行不断的升级和重组，逐步提升整个系统的效能。

采用模块化开放体系架构，不但便于引入新技术进行升级改造，而且便于控制和降低成本。模块化开放体系架构具有以下典型特征：第一，需求可定义，即可根据需要重构整个系统，灵活响应多种不同的任务需求，满足多种应用场景；第二，硬件可重组，即采用开放体系架构，具有丰富的接口形式，支持即插即用，可以根据任务需求进行计算资源、交换资源、存储资源的重组；第三，软件可重配，即具有一致的程序执行环境，以及丰富的应用软件，可以根据任务需求动态配置和执行不同的 App，完成不同的任务；第四，功能可重构，即通过接入不同的硬件部件、加载不同的软件组件，快速重构出不同的功能，这一理念与操作系统类似，比如目前"软件定义卫星"的概念已被提出，并在卫星的研发设计中进行了实践。

2. 工业侧观点

软件定义制造是依据工业领域的标准和规范，通过软件高效、准确地将工业领域多年来积累的工程原理、知识、经验、数据和实践表达出来，并在信息物理系统实现闭环优化，为制造技术应用赋能。其中，软件扮演着重要的角色，具体体现在软件定义产品、软件定义制造全过程、软件定义支撑制造模式转变等。

1）软件定义产品

随着软件在工业领域的不断渗透，产品由软件定义的程度不断提高。首先，产品的功能、灵活性、易扩展性、安全性和可管理性等正通过丰富多彩的软件来展现，具体表现为软件定义产品功能、软件增强产品效能和软件拓展产品边界。一般而言，产品包含的软件代码量越大，则其功能越丰富、智能化水平越高。例如，现代汽车软件的比重持续增加，占全车成本的40%以上；宝马7系软件的代码总量超2亿行，Tesla Model S（特斯拉制造的电动轿车）软件的代码总量超4亿行，空客 A380 软件的代码总量超 10 亿行。其次，软件对产品定义的能力正从传统的信息技术产品向工业产品拓展，推动工业产品逐步向智能化发展，即软件进入物理设备发挥"赋智"作用，形成智能产品。最后，软件构建新的产品结构，具体表现在软件重构功能结构、软件优化性能结构和软件再造价值结构。

2）软件定义制造全过程

软件贯穿产品设计、研发、生产等流程，将生产流程和数据全面集成，实现对生产的数字化和精准化控制。

（1）软件定义设计。信息技术与工业技术的深度融合，使设计技术发生了深刻变化。其中，软件定义对设计的作用尤为突出，无论是设计对象（产品）、设计方法还是设计工具，都体现出了软件定义的特征。对于设计对象来说，在设计过程中，产品都是由数据和模型来表达的，即软件定义产品；对于设计方法来说，如计算机辅助等设计方法、复杂系统的体系化设计方法等都是基于软件实现的，即软件定义设计方法；对于设计工具来说，其中个体工具、组织工具和社会工具等都是依赖软件的，即软件定义设计工具。

（2）软件定义研发。各种软件开发工具及研发管理工具的广泛应用，给企业研发带来了重大变革。企业研发将从物理试验手段向数字仿真手段演变。所谓数字仿真手段，就是在软件中写入各种算法和机理模型，模拟工业设备和产品的"形"和"态"，通过优化逐步打造出对应的数字孪生体，并在数字孪生体上进行各种可能的应用场景仿真，事先消除各种潜在问题。例如，中航工业在某机型的研发中采用的数字化建模与仿真试验减少了 60% 的风洞试验，同时减少了大量的能耗，体现了数字化建模与仿真试验带来的价值。

（3）软件定义生产。软件定义生产，即从实体生产向虚拟生产转变。软件为工业生产建立了一套基于 CPS 的闭环赋能体系，实现了物质生产运行规律的模型化、代码化和软件化，进而创造了一个与实体生产相对应的虚拟生产空间，使生产过程在虚拟世界实现快速迭代和持续优化，待产品优化成熟后，再应用到实体上完成生产，从而大幅度缩短研制周期，降低生产及交付的成本，提高生产的整体效率与准确率，由此形成生产的新方法。

（4）软件定义运维。实现装备设备有效监测运维对于推动我国大型装备制造业从价值链低端向高端转移，保证大型装备安全运行，降低运行成本，促进我国制造服务业实现跨越式发展有着重要的意义。以运维综合保障（Maintenance，Repair & Operations，MRO）、故障预测与健康管理（Prognostics Health Management，PHM）为代表的软件系统，利用数据，通过信号处理和数据分析等运算手段，实现对复杂工业系统的健康状态的检测、预测和管理；通过丰富维修保障仿真专业软件工具，为产品使用阶段的高效维护提供关键的信息化支持，满足售后服务和技术保障业务，以及各级维修单位和使用单位的维修、维护和运行管理业务需求。

（5）软件定义质量控制。工业发展的过程也是质量不断提升的过程，在设计、研发、生产等过程中融入质量管理软件，通过软件对生产设备和流程进行控制，实现制造过程的数字化质量管理，提高整个过程的针对性、准确性、灵活性及高效性，最终实现对质量的实时管理和精密控制，最终生产出高质量的产品，提供高质量的服务。软件在这些过程中发挥了不可替代的作用，为质量控制、质量管理、质量维护等提供了新工具和新手段，实现了智能化运维。

3）软件定义支撑制造模式转变

（1）生产方式从规模生产向个性化定制生产转变。个性化定制生产将成为未来工业的主要生产模式。软件定义形成的柔性制造、个性化制造的管控能力将作为支撑。批量定制能够高效地为消费者提供个性化定制产品，这是因为由软件定义构建了一个数据自动流动的生产体系，解决了生产定制化过程中的多样性和复杂性等问题。通过软件控制的智能设备解决了成本与效率之间的矛盾，实现了降低成本和提高效率的有机统一。个性化定制的实质是随着市场更加开放和灵活，消费者的意志通过软件来实现，整个产业进入消费者定义市场的阶段，即一切服务都要从消费者的需求切入，这个趋势被翻译成信息技术语言就是软件定义。

（2）组织模式从封闭制造到社会化协同。美国国防部高级研究计划局的自适应运载器创建（Adaptive Vehicle Make，AVM）计划秉承开放式创新的理念，以软件定义的方式，按照"知识组件化、功能模块化、经验软件化"构建出虚拟的设计和制造空间，连接、整合分散的专业设计团队，弥合、重组关键的制造资源，激发互联网化的社会化分工与协作。尽管在AVM 计划存续的四年多的时间里并没有完整地测试和建造一个完整的型号，但在模型化设计、验证和快速制造，知识的商业化封装，以及网络协同设计制造方面进行了积极的探索，将为复杂装备工业注入革命式的力量，颠覆既有的垂直一体化的工业格局。

（3）产业模式从生产型向生产服务型延伸。未来工业制造的价值正在不断向服务和软件迁移。企业向消费者提供的不再是单纯的产品，而是将各种应用软件与硬件产品集成于一体的整体服务方案。企业通过软件定义制造衍生出新的产品和服务模式。例如，GE（通用电气公司）将传感器安装在飞机发动机叶片上，通过软件建立了健康保障系统：对发动机叶片的数据进行分析，为可能出现的检修维护做准确预测，减少用户停产检修的次数；实现与装备的使用、维修维护、安全监管、应急处置等过程的高度融合。这样，企业既是在制造产品，也是在制造服务，从而实现了价值链的延伸。

通过前面的分析可以看出，随着软件在工业领域的渗透，软件发挥的作用越来越大，软件业侧重从系统软件视角出发，强调软件在制造过程中作为一种平台向下管理和控制各种资源，向上提供开放、可编程的应用接口，从而优化资源配置，使开发制造活动变得更加开放、灵活；工业侧重从应用软件视角出发，强调软件应用于制造业企业，在研发、生产、服务与管理过程中发挥特定作用，促进生产过程的无缝衔接和企业间的协同制造，实现生产系统的智能分析和决策优化等，但目前还处在软件化阶段，没有进入平台化阶段。

1.2.3　软件定义制造的基本框架

软件定义是通用可编程思想在具体领域的应用——一种以软件实现分层抽象的方式来驾驭复杂性的方法论。软件定义制造在不同层面有不同体现，参考架构如图 1-1 所示。参考架构包括资源管理层、控制层和可编程接口层三个层次。

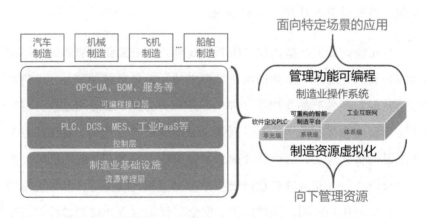

图 1-1　软件定义制造的参考架构

- 资源管理层，通过软件化、虚拟化等技术实现工业基础设施（包括工业设备、工业资源等）向虚拟空间的映射。

- 控制层，对虚拟化的制造资源进行统一的管理和控制，从而达到对工业基础设施的管控（包括工业设备的发现和接入，工业资源的统一调度与管理等）。
- 可编程接口层，从多个层面和粒度来支持系统功能的可定义、可封装和可定制，进一步提高系统对不同应用需求和场景的灵活可扩展能力。

如图 1-2 所示，将工业设备、工业技术等制造资源模型化，进而软件化，形成数字资源；制造系统软件化，进而平台化，形成系统软件（工业操作系统），并且平台朝着云端化发展，扩大控制区域；向下管理各种数字资源，向上提供资源虚拟化的编程接口，支持对被定义对象（主体）的功能再编程；以平台为依托，通过低代码开发等方式让欠缺软件知识的一线人员能够直接面对工业需求，以虚拟化、编程接口为途径，开发出制造应用软件，构建各种智能应用，形成延伸拓展、开放协作的繁荣生态，支撑价值再创新，而这一切都需要工业软件的支撑。

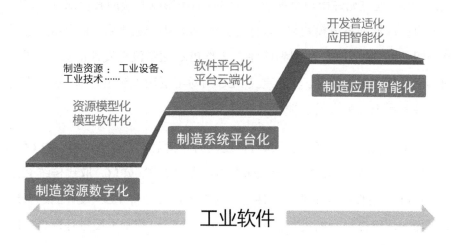

图 1-2　软件定义制造的演进路线

下面分别从单元级（设备层）、系统级和体系级三个层面对软件定义制造进行介绍。

1. 软件定义的 PLC（单元级）

可编程逻辑控制器（Programmable Logic Controller，PLC）是一种专门为在工业环境下应用而设计的数字运算操作电子系统。它采用一种可编程的存储器，在其内部存储执行逻辑运算、顺序控制、定时、计数和算术运算等操作指令，通过数字式或模拟式的输入输出来控制各种类型的机械设备或生产过程。

传统的 PLC 的可编程性有一定的限制条件，即对每台 PLC 进行编程都需要特定的编程软件，在将程序编写完成之后，通过和 PLC 通信来实现最终的控制过程程序的上传。PLC 实现了逻辑运算平面的可编程性，但是逻辑控制平面并没有被抽离出来实现统一的集中控制。

软件定义的 PLC，其核心思想是将传统专用的硬件功能解耦。软件定义的 PLC 通过允许用户更换或添加组件而不影响系统的其他部分，轻松实现可扩展性和系统模块化。软件定义的 PLC 为开放平台，允许用户选择首选组件和解决方案，而因为软件定义的 PLC 通常没有硬件依赖性，所以很容易迁移和重用软件。软件定义 PLC 后对下层输入输出解耦，从而实现工业控制系统的最大灵活性和可扩展性。

目前，实现 PLC 灵活性和可扩展性的方案主要有以下两种：PLC 虚拟化和 PLC 硬件重构。PLC 虚拟化指通过虚拟 PLC（vPLC）取代传统 PLC 硬件；PLC 硬件重构主要以软件定义思想为核心，将 PLC 硬件的逻辑运算平面和逻辑控制平面进行分离，统一由 PLC 对控制平面进行逻辑控制和逻辑管理。

东土科技的 NewPre 工业服务器就是一款软件定义的 PLC 的代表作，它基于开放的 x86 虚拟化架构，在处理器上通过高实时虚拟化技术，可以虚拟出最多 20 个软件定义的实时系统以替代 PLC。使用 NewPre 不但可以做逻辑控制，而且可以轻松集成各种工业 App，比如可视化、协同制造、机器视觉和工业大数据分析引擎等行业应用软件，真正实现 OT（Operational Technology，运营技术）和 IT 的融合，满足工业互联网和智能制造的需求。

PLC 硬件重构强调的是一种体系，一种实现思想。与软件定义网络一样，PLC 设备的智能化和标准化的体现就是典型的软件定义 PLC，包括 PLC 轻松接入互联网；将 App 和分析结果嵌入机器和云，实现智能化；无须更换 PLC 硬件即可改变和升级 PLC 设备功能，为用户提供智能化服务，实现持续改进；通过 API 和生态系统扩大工业互联网平台应用。一个典型的实现架构：首先具有一台工业机器，可以用来测试整个生产过程——这台机器可以被看作一套可以通过 OT 控制协议控制的输入和输出；然后开发一个边缘计算层，通过工业控制协议在运行时间内与机器进行通信。该架构运行时会将读取的数据从机器发送到虚拟 PLC，接着将 PLC 的输出返回给机器。

2. 可重构的智能制造平台（系统级）

软件定义的可重构的智能制造，就是使生产制造系统具有高度的灵活性，通过软件定义的方式，针对产品设计和订单的变化，自动调整加工、装配环节的任务、工艺流程、路径规划与控制参数，以及生产系统的结构和控制程序，大幅缩短产品的交付周期，使其快速满足高度定制化产品规模化生产的需求，实现小批量甚至单件定制产品的规模化、经济型生产。

以部件装配的个性化定制设计、工艺流程自动生成、机器人任务自主规划为例，实现高度个性化定制、设备和生产过程信息无线化感知、自主规划生产计划和任务、智能运行管理、能源监测与管理等创新功能，不仅能够实现"工业4.0"提出的从电商平台、企业/车间管理系统到控制系统、生产设备的纵向集成，而且能够实现高度个性化定制、工艺流程和机器人任务在线自动重组、设备预测性维护等创新的制造模式，使生产装备和生产系统能够针对产品设计和生产需求的变化，自适应地进行调整，提升生产装备和生产系统的物联化、智能化水平，解决高度个性化定制产品的规模化生产与传统的刚性、大批量制造模式之间的矛盾。

中国科学院沈阳自动化研究所等单位搭建的软件定义的可重构智能制造验证平台就是典型的应用示范。其主要由设计开发平台、虚拟制造支撑系统、基于工业SDN（Software Defined Network，软件定义网络）的自组织全互联网络系统、可重构模块化制造系统、检测系统、柔性智能物流系统和服务平台构成。其中，设计开发平台、虚拟制造支撑系统、可重构模块化制造系统和服务平台构成了从设计、制造到服务的端到端数字化集成系统，以及从销售到企业管理再到车间生产管理和设备层的垂直集成，用于验证产品的全生命周期管理及智能制造系统的端到端集成技术；虚拟制造支撑系统、基于工业SDN的自组织全互联网络系统、可重构模块化制造系统、检测系统和柔性智能物流系统则构成了网络化生产系统，用于验证智能制造系统的纵向集成技术。

3. 工业互联网平台（体系级）

工业互联网平台是面向制造业数字化、网络化、智能化需求，构建基于海量数据采集、汇聚、分析的服务体系，支撑制造资源泛在连接、弹性供给、高效配置的工业云平台。其本质是通过构建精准、实时、高效的数据采集互联体系，建立面向工业大数据存储、集成、访问、分析、管理的开发环境的工业操作系统，实现工业技术、经验、知识的模型化、标准化、软件化、复用化，不断提升研发设计、生产制造、运营管理等资源配置效率，形成资源富集、多方参与、合作共赢、协同演进的制造业新生态。

工业互联网平台是典型的软件定义的平台，其分层架构如图 1-3 所示，包括边缘层、通用 IaaS（Infrastructure as a Service，基础设施即服务）层、工业 PaaS（Platform as a Service，平台即服务）层、工业 App 应用层。其中，工业 PaaS 层是工业互联网平台的核心，为工业软件开发提供了一个基础平台。工业 PaaS 相当于一个可扩展的工业云操作系统，向下实现各种软硬件资源的接入控制和管理，向上提供开发接口、存储计算和工业资源等支持。此外，工业 PaaS 层本身是开源软件经二次开发而来的，它的开发环境、开发工具是一套云化的软件，它的微服务将工业技术、原理、知识模块化、封装化、软件化，是一系列可调用的、组件化的软件。

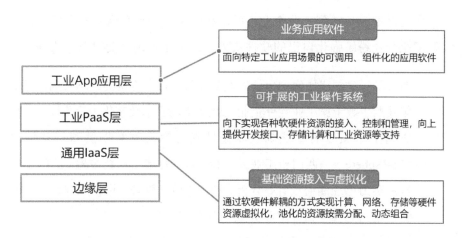

图 1-3　工业互联网平台分层架构

浙江中控推出的 supOS 工业操作系统作为工厂通用连接器，可以对工厂的各种信息系统、管理软件系统、自动化系统、智能设备、仪表进行连接，打通制造业企业上层计划管理与底层工业控制，形成生产过程高效闭环，从而提高企业的工作效率、改善资源的流通性能，以此降低生产成本、提高实际效益。supOS 通过平台+工业 App 的方式，致力于打造服务于企业、赋能于工业的智慧大脑，提供的横向和纵向弹性扩展能力可满足智能制造细分行业中企业从小到大、从单一优势业务发展为多元化集团型应用的场景，实现云（云互联网平台）、企（工厂互联网平台）、端（边缘计算节点）三层统一架构，进而实现管控一体化交互。

1.3 工业企业软件化

1.3.1 工业企业软件化现象

我们再把视角转到工业企业，可以观察到近年来有这样一个现象：各大型工业企业纷纷强化自己的软件实力，踏上由"硬"变"软"之路。

- 西门子一直围绕如何构建软件竞争优势进行全方位的战略布局，近十年并购了数十家工业软件企业，2014 年成立了数字化工厂集团，志在成为全球领先的智能制造软硬件整合解决方案提供商，并推出 MindSphere——西门子工业云平台，意欲打造工业新中枢。西门子的软件实力已经涵盖设计、分析、制造、数据管理、机器人自动化、检测、逆向工程、云计算和大数据等领域。

- 博世作为全球最大的汽车零件供应商，积极把握新一代信息科技革命给制造业带来的机会，致力于自动化、数字化、智能化进程。面对未来，博世提出了以软件平台为核心的"慧连制造"解决方案。

- 施耐德电气近几年开始进行软件布局，并购了大量的软件公司。施耐德电气认为，软件是赋能工业未来的关键途径，应将软件作为未来非常重要的战略重心之一；要解决企业的核心问题，关键是利用工业软件平台，使其在企业价值链的各个环节做到价值最大化；要实现智能制造就要以工业软件为核心，并将工业软件作为工业转型的关键载体。

- 霍尼韦尔提出"软件也是核心竞争力"，倡导"由硬到软"的互联转型，不仅要为客户生产硬件产品，还要提供基于软件和数据的增值服务。霍尼韦尔认为全球 2 万多名研发人员中的一半专注于软件领域，软件相关业务年收入超过 10 亿美元，且正高速增长。

- 宁德时代注资 32 亿元成立软件公司，致力于构建"模型+仿真+智能"的新型工具链，从传统的实验试错方式迈向仿真驱动的正向设计，再跃升为全自动智能化设计，实现电芯研发模式效能的提升。

- 特斯拉是一家"非常懂制造的软件公司"，是软件定义汽车的代表。特斯拉汽车业务的商业模式从销售端进一步延伸，通过软件收费模式使一辆车在全生命周期都能贡献收入。

工业巨头们纷纷把自己定位成软件企业绝不是偶然的。各企业都希望通过提升软件能力打造自己的核心竞争力。不管是"工业 4.0"、工业互联网还是智能制造，其核心内容都是通过对业务与信息进行双向的映射，用软件再造业务流程，实现组织变革，将企业流程和数据全面集成，以实现整个价值链的数字化交互。因此，软件能力就成为实现这个目标的关键。西门子、施耐德电气等传统制造业企业都在向软件化发展，实际上就是按照软件的思维进行企业改造与转型，推动产品升级与技术进步。

需要指出的是，这些工业企业并不是要变成像微软一样的纯软件企业，而是要将技术和业务与软件深度融合，由软件来表达、管理与创新。工业与软件正从两极向中心靠拢，工业企业与软件企业的界限越来越模糊。工业企业在传统制造业优势基础上探索发展软件新业务，传统软件企业则正在招揽来自工业领域的专家。进行新一轮的工业革命的关键在于融合。这不仅是工业、服务业与软件业的融合，更是思维与创新的融合。

在软件定义制造的趋势下，企业运行和发展模式面临新的要求。德国先进制造业技术领域的专家奥拓·布劳克曼在《智能制造：未来工业模式和业态的颠覆与重构》一书中写道，一个企业的成功不是基于机械、工具等硬件，而是基于它的软件。这意味着工业企业要通过软件激发创新活力、发展潜力和转型动力，进行系统性变革——既包括制造思维的深刻改变，也包括制造方式的变革，还包括组织架构、运作模式和管理方式的颠覆性创新，甚至包括劳动用工、员工技能、岗位结构的重新调整。在变革浪潮中，软件化的工业企业呼之欲出。《"十四五"软件和信息技术服务业发展规划》指出，软件定义赋予了企业新型能力，航空航天、汽车、重大装备、钢铁、石化等行业企业纷纷加快软件化转型，软件能力已成为工业企业的核心竞争力。

1.3.2　工业企业软件化内涵

现代经济学理论认为，企业本质上是"一种资源配置的机制"，其能够实现整个社会经济资源的优化配置，降低整个社会的"交易成本"。传统制造业企业运用各种"硬生产要素"（土地、劳动力、资本、机械器材等）为市场提供产品或服务。

企业软件化是以软件技术为手段，以软件快速思维为运行机制，以软件代码改造企业的研发、生产、组织、管理和营销等流程为主要内容，以培育企业新型能力为手段，以提质增效升级为目标，将企业转化为具有软件属性企业的动态发展过程，它贯穿从投入、经营、决策、执行到产出等企业运行的整个体系。对制造业企业而言，企业软件化是软件定义制造的内在要求。

软件是业务、流程、组织的赋能工具和载体，为制造建立了一套信息空间与物理空间的闭环赋能体系，实现了物质生产运行规律的模型化、代码化、软件化，使制造过程在虚拟世界实现快速迭代和持续优化，并不断优化物理世界的运行。

企业软件化体现了由信息空间向人类社会与物理世界的映射，通过软件来驱动信息交换，优化物理世界的物质运动和能量运动，以及人类社会的生产活动，更便捷、高效地提供更高品质的产品和服务，使制造过程更加高效、灵活、智能，且以人为本。

1. 工业企业系统模型

一般认为，系统是由一些相互联系、相互制约的组成部分结合而成的具有特定功能的有机整体。它一般由输入、处理和输出组成，为特定的目标而运转。从某个角度看，企业就是一个系统。

一个工业企业，其内部系统通常存在四个过程与功能域，即研发设计、生产制造、组织管理、营销体验。这些过程与功能域可以进一步被分解为若干分子过程与分子功能域，而且可以根据需要继续分解。所有过程和功能域（包括分子过程与分子功能域）并不是完全独立的，而是相互作用、相互影响的。

工业企业系统的抽象模型如图 1-4 所示，它是对工业企业的生产与经营这一复杂过程的抽象描述，突出了工业企业在生产与经营过程中的物质、能量、信息和知识运动过程的实质。

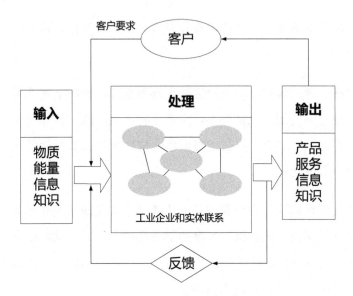

图 1-4　工业企业系统的抽象模型

输入的是物质（原料、设备、资金等）、能量、信息和知识；输出的是产品、服务、信息和知识。工业企业系统是一个复杂的系统，它将输入的内容经过处理后输出各种产品、服务、信息和知识——通过一系列相互关联的活动实现工业企业系统的"输入—处理—输出"。

2. 工业企业软件化内涵的具体内容

根据工业企业系统的抽象模型，工业企业软件化的运作可以被概括为输入软件化、处理软件化、输出软件化。输入软件化具体表现为资源要素投入软件化。根据系统的过程与功能域划分，处理软件化可分为研发设计软件化、生产制造软件化、组织管理软件化、营销体验软件化。输出软件化具体表现为产品/服务软件化。

1）资源要素投入软件化

工业企业在软件化过程中对资源要素进行改造，劳动者从以体力人才为主转向以软件、咨询管理人才为主；生产资料从以原材料、机器设备为主转向以软件、数据、知识为主。在采购环节，软件化使基于电子商务的联合采购进一步提高在行业采购行动中的协调性。资源配置和供应链管理由软件系统加以实现。

2）研发设计软件化

在研发设计环节，软件化带来了企业研发设计主体、流程、方式的重大变革。企业的研发设计主体从以依托企业内部为主转向以多部门联合为主，研发设计流程从串行方式向并行方式演进，研发设计方式从以物理实验手段为主转向以数字仿真为主。

3）生产制造软件化

在生产制造环节，软件化使企业的生产过程逐步走向现代化——可以采用更加灵活的数字化定制生产方式来提高专业化生产制造能力。软件服务从产业链两端推进工业产业结构优化，推动形成开放竞合的产业链新模式，催生基于工业大数据的生产新形态。

4）组织管理软件化

企业对组织管理进行软件化改造：组织结构由科层式转变为平台化，组织方式由有组织转变为自组织，管理重心从指令和信息的上传下达转变为组织结构的知识内化及学习型组织的构建。

5）营销体验软件化

软件化为定制产品带来了可行性，提高了与产业链下游企业的协同能力，实现了线下看样、体验、配送与线上询价、交易、支付的优势互补，促进了产品分销和售后服务水平的提升。软件化形成了集网上信息发布、交易支付、体验展示、物流配送、售后服务、价格发现、品牌推广及行情监测等功能于一体的跨区域信息系统平台。

6）产品/服务软件化

产品/服务软件化主要体现在：生产的产品由有形的物质产品向无形的信息产品转变，由以硬件决定产品价值为主向以软件决定产品价值为主转变，生产制造由产品向"产品+服务"转变，由产品/服务创新转向商业模式创新。

1.3.3 工业企业软件化变革

工业企业软件化带来了多方面的变革，以适应软件定义制造的趋势。

1. 由物质要素驱动向非物质要素驱动转变

企业成长的驱动力由以土地、生产资料、机械设备等物质要素为主转变为以数据与知识等非物质要素为主。企业更加注重数据与知识的成长和积累，通过软件固化下来，基于软件实现数据自动流动与知识自动化。数据的自动流动可以发展和改善生产制造、基础设施等核心环节，创新业务流程，形成一个接一个的数据循环，最终实现整个企业的快速运转。知识自动化可以提升知识管理的力度，自动生成组织活动所需的知识，继而完成相关流程，提高企业的运作效率及效益，促使企业学习智能化知识，注重知识发现，进而实现由物质要素驱动向非物质要素驱动的转变。

2. 由以硬件生产为主向以软件研发为主转变

企业生产更加注重客户需求分析、产品体验设计等，而这些需求均依赖于软件研发。内嵌于产品中的感知和适应性功能为智能产品的研发提供了工具和创新方法论；基于软件的智能制造促使传统产业向产品设计和服务模式两端进行转型和延伸；数据挖掘和商业智能等典型应用可以精确把握和分析客户的深层次需求，进而形成研发服务的完整反馈环。

3. 由生产范式向服务范式转变

工业企业由以传统产品制造为核心向提供产品和依托产品的服务转变，提供整体解决方案。这提升了企业产品营销和面向客户需求设计的能力，也丰富了产业链上的分工，开创了许多新的商业模式。例如，罗尔斯·罗伊斯、通用电气等公司通过软件收集售出产品的数据，并进行分析和预测性维护，由卖产品向卖"产品+服务"转变，实现价值链的延伸。

4. 由企业主导向客户主导转变

未来将不再是企业生产什么客户就使用什么这种企业主导模式，而是客户参与甚至主导产品生产。不管是数字化、网络化还是智能化，重要的是能够理解客户、理解行业、理解产业，而理解的基础是通过软件对大量数据进行收集、挖掘、计算、分析，找出共性及数据相关性，进而通过软件定义各种功能，满足客户及各方的需求。企业软件化将工业带入客户定义市场的阶段。

5. 由固定边界向弱化边界转变

软件化带来的开放式的平台和架构主要体现在制造资源的共享开发、产业机会的开放接入及产业价值的共同创造等层面。软件化使得依托互联网的资源和信息共享，能有效减少供给和需求的信息不对称问题；开放接入则能有效匹配客户需求，以最低的成本和适当的服务满足客户需求；而对于产业价值的共同创造，开放则提供了更有利的创新环境——强大的集成能力和良好的柔韧性，更多的企业从开放式系统中获益。开放式打破了传统的行业界限，使不同行业的企业走到一起，增加各自的市场机会，形成互利共生的工业生态系统。开放式将企业间以往的排他性竞争转变为互利共生，不是以较低成本反复应用自身的生产要素，而是凭借合作共生产生异质的技术、信息、知识等互补和叠加的效应。

1.4 工业软件是新工业革命的关键要素

目前，工业和软件业对"软件定义制造"的认识和理解不尽相同。我国工业化发展起步晚，虽然取得了长足的进步，但仍未实现完全工业化。与之相比，由于信息技术迭代快的特点，我国信息化发展更快。工业和软件业观点的差别源自工业化与信息化发展的不同步，工业往往立足于我国当前工业化基础看软件定义制造，软件业往往基于我国信息化加速创新看未来工业的发展趋势。工业软件作为工业化和信息化融合的产物，正是连接两方的桥梁，是新工业革命背景下推进新型工业化的关键要素。

工业软件是工业技术和知识的程序化封装，是工业技术与软件技术融合创新的产物。随着信息化的日趋深化，软件正在向工业各领域加速渗透，催生新一轮的技术革命和产业变革，因此工业软件又被称为现代工业的"灵魂"。

工业软件是工业化和信息化融合的切入点和"黏合剂"，直接代表了一个国家工业化和信息化融合的水平。当前，新的工业革命浪潮向数字化、大系统集成、最优能力集成、高度并行、多组织协同转变。这次变革的本质就是信息化和工业化的深度融合，而工业软件正是这场变革的主要推动力，也是变革的关键使能工具。软件定义制造并不是说所有的软件都能定义制造。能定义制造的软件主要是工业软件，而非一般的通用软件。

从支撑角度出发，软件定义制造的实质是工业软件中的工业知识在支撑工业，参与企业研发、生产、服务与管理，实时感知、采集、监控生产过程中产生的大量数据，促进生产过程的无缝衔接和企业间的协同制造，实现生产系统的智能分析和决策优化等。

从服务角度出发，软件定义制造的实质是工业软件通过应用服务于工业，特别是随着软件平台化发展，工业软件作为一个平台，向下管理和控制各种资源，向上提供开放可编程的应用接口，提供更具个性化的应用服务，丰富功能、优化配置，使开发活动变得更加开放、灵活。

在工业软件发展的初级阶段，工业软件发挥作用主要依赖于包含其中的工业知识、机理模型等工业属性。工业软件中沉淀了大量工厂场景数据、知识，以及很多人的经验、才智，软件背后潜藏的人的经验、才智、数据、知识等定义了制造。到了工业软件发展的高级阶段，工业软件发挥作用将主要依赖于软件架构等 IT 属性。在制造中融入了人工智能的某些软件（也需基于某个工业领域的知识）完全有可能在特定方向超越人的能力，如感知、计算、推理能力等。工业软件将通过充分发挥软件"赋值""赋能""赋智"的作用去定义产品、设计、生产、模式、业态等，更加深入地推进工业化和信息化深度融合。

回顾计算机的发展历程，在计算机诞生后相当长的一段时期内，并没有"软件"的概念，计算机运行是通过用机器语言和汇编语言编写程序的方式来直接操作硬件的，即只有"程序"的概念。后来，在计算机发展史上具有里程碑意义的大型机——IBM 360 系列机中出现了最早的主机操作系统 OS/360。OS/360 对日后的软件技术和产业产生了很大的影响。操作系统的出现推动了计算机产业的发展，也促进了软件技术与产品的发展。

作为类比，工业发展过程中最开始是没有工业软件的，随着工业信息化发展，出现了 CAD（Computer Aided Design，计算机辅助设计）、CAE（Computer Aided Engineering，计算机辅助工程）、MES（Manufacturing Execution System，制造执行系统）等工业软件；随着软件与硬件的融合发展，工业也会出现操作系统这样的系统软件，重构目前的工业软件体系和工业体系。

软件定义制造不仅是工业与软件业的融合，更是思维与创新的融合。虽然不同视角下的认识有所不同，但殊途同归。需要指出的是，就目前来说，如李培根院士所言，软件定义制造反映了制造中的一种趋势，一种期盼，一种境界。只有在数字化转型完成、工业软件极大丰富的情况下，软件定义制造才能真正实现。

第 2 章

认识工业软件：
逻辑、内涵与要素

本章不是从简单给个定义来切入，而是从工业软件的本原着手，追根溯源，把握工业软件的内在逻辑，进而从三个视角分析工业软件的内涵，剖析工业软件的要素，厘清工业软件与工业 App、工业互联网的关系，以此来谈对工业软件的认识。

2.1 工业软件的逻辑

2.1.1 工业软件溯源

人们对工业软件有各种不同的认识，这里以"知识的承载、积淀与传播方式演变"为主线，对工业软件的逻辑进行阐述。

1. 从德鲁克到安德森，从知识到软件

被誉为"大师中的大师"的彼得·德鲁克在《经济学人》杂志上发表过一篇题为《下一个社会的管理》的文章。他从政治、经济、社会、管理等诸多视角，全方面地研究组织管理对人类社会的深刻影响。他预见并深信"下一个社会"是知识社会。随着知识社会的临近，知识以"加速度"方式积累形成"知识爆炸"，进而产生越来越多的知识产品。知识将由工业社会中的非独立性生产要素变成独立性生产要素。知识将超越资本，成为社会的关键资源。知识作为重要的生产要素，将建立起新型的生产关系，催生出远超现今的强大生产力。知识资产及其产生的生产关系将催生以知识经济为核心的社会形态。这个社会亦可称为知识社会，知识社会是信息社会发展到高级阶段的产物。

当时还没有大数据、人工智能、智能制造、工业互联网等概念和技术，但是彼得·德鲁克精辟地总结道，下一代经济的核心资产不是物质，而是知识，知识工作者是新时代的"知本家"。未来管理的核心是有效定义具体知识的运用和组合，未来的工作方是知识的拥有者——知识工作者被接入一个集群，这个集群负责把不同的专业知识应用到某个共同的最终产品上。

知识将成为推动社会发展的重要资源，由此产生这样的问题：如何把知识作为一种重要生产要素去分配及管理？如何承载知识并产生生产力？

人类承载知识方式的演变如图 2-1 所示。我们从承载知识方式演变的角度看：在农业经济时代，知识作为存在于人脑中的隐性经验，只能通过口口相传、老师经验、书籍文字得以延续；在工业经济时代，知识是存在于专利标准、文献资料、师徒传承等中的显性知识；到了数字经济时代，数字化知识则由软件承载。正如 C++ 语言的发明人本贾尼·斯特劳斯特卢普所说，人类文明运行在软件之上。

图 2-1　人类承载知识方式的演变

另一位著名人士，美国硅谷的投资家马克·安德森的言论在某种程度上则可被视为回应。马克·安德森在《华尔街日报》发表的题为《软件在吞噬世界》的文章认为，软件将逐渐成为世界上所有行业的运行基础，软件创新企业将逐渐主宰所有的产业，包括很多从前跟软件没有什么关系的领域。

　　彼得·德鲁克的"知识"和马克·安德森的"软件"有什么关系？其内在逻辑是什么？

　　软件不仅仅是一行行的程序代码，也不仅仅是一个个的算法模型，这些都只是软件的某种具体表现形式而已。从根本上看，软件是对客观事物的虚拟反映，是知识的固化和表达，是现实世界中经济社会范畴下各个行业领域里各种知识的表现形式，是人类经验、知识和智慧的结晶。

　　彼得·德鲁克宏观地定义了知识是未来的生产资料，所有生产关系将随之改变；而马克·安德森微观地定义了软件作用，即软件作为知识的载体，将改变所有产业。软件承载了知识管理，并且对知识要素进行优化及配置，从而产生强大的生产力。

　　知识不是孤立存在的，而是存在于某种载体上，载体决定了知识产生和应用的效能边界。在信息"大爆炸"的时代，纸、笔等物理载体已经无法承载大部分知识。数据无处不在，信息无处不在，网络无处不在，计算无处不在，使得软件无处不在。软件改变了信息的分布、存储与传递方式，成为当今人类加工数据、信息、知识、经验和智慧的工具与载体。软件通过专业人士的操作改变信息的形态和形式，改造世界，满足人们的需求，创造价值。可以说，软件是生产要素的承载者与管理者，是信息时代的核心生产工具。

　　发生在当下的新一轮工业革命实际是信息技术给社会、企业、个人之间关系（生产关系）带来的颠覆性改变，是未来经济的生产要素——知识通过大数据、云计算、人工智能、工业互联网等各种新型"外化"形式的软件实现由虚到实的"物化过程"，是产业生态的重新布局，是进入知识社会的前奏。

2. 工业软件：构建从物理空间到赛博空间的闭环赋能体系

工业软件是对工业研发设计、生产制造、经营管理、运维服务等全生命周期各环节知识的代码化，是指导甚至控制物理世界运转的工具，是封装工业知识、技术积累和经验体系的容器，是实现工业数字化、网络化、智能化的核心。

这里参考《重构：数字化转型的逻辑》中的表述，工业软件承载了工业知识管理，并且对工业知识要素进行优化及配置，建立起一条"物理运行→知识→软件优化"的链接，构建起从物理空间到赛博空间的闭环赋能体系：物理世界运行→人类认知世界→认知知识化→知识模型化→模型算法化→算法代码化→代码软件化→软件优化世界（软件不断优化和创新物理世界的运行），从而产生强大的生产力，如图 2-2 所示。

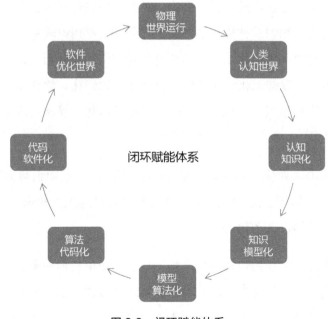

图 2-2　闭环赋能体系

物理世界运行遵循客观规律，这种规律不以人的意志为转移，无法与人产生直接关系；人类需要通过种种方式去认知这个世界；人类在认知世界的过程中，将接收到的大量的数据、信息转化成知识；将知识形式化和结构化，形成模型；将模型演化为解决问题的方法、流程、策略等，并对一定规范的输入在有限时间内给出所要求的输出，形成算法；将算法用代码来表达；进而将代码形成软件；人们通过使用软件，发挥软件的赋能、赋值、赋智作用，优化物理世界的运行。周而复始，不断前进。这一体系的本质是通过信息变换优化物理世界的物质运动和能量运动，提供更高品质的产品和服务，使生产过程更加高效和智能。

3. 工业软件的产生：工业知识[①]软件化

在图 2-2 所示的闭环赋能体系中，很重要的一部分是将事物运行的规律转化成软件，用软件反映客观事物，对工业知识进行固化和表达，这一过程可称为工业知识软件化，如图 2-3 所示。工业知识软件化是人类对工业领域运行规律产生的认知进行显性化表述、结构化分析、系统化整理与抽象化提炼，实行知识化、模型化、算法化、代码化、软件化的过程，一般依次包括认知知识化、知识模型化、模型算法化、算法代码化、代码软件化五个环节。

工业知识软件化能够推动工业知识泛化，让工业知识得到更好的保护、更快的运转、更大规模的应用，从而千倍万倍地放大知识产生的效应，进而支撑实现知识自动化。

工业软件由工业知识软件化产生，是工业知识长期积累、沉淀并在应用中迭代进化的软件化产物，是对先进制造思维的认识。这中间凝聚了知识的应用与逻辑分析，核心是知识革命和知识工程。工业软件的核心是工

---

① 本书中的工业知识指的是与工业相关的多学科知识，并不局限于工业本身的知识。

业知识，包括标准规范、行业流程、知识技能、管理思想等。工业知识一
方面来源于人脑、图文等，另一方面隐藏在工业大数据中。这些知识是隐
性的，比较含糊、分散，不利于传承、改进和管理。工业知识软件化不仅
是把人脑中的隐性知识及工业大数据中隐藏的知识挖掘、外化为显性知
识，而且要将知识标准化、代码化，固化在软件中。

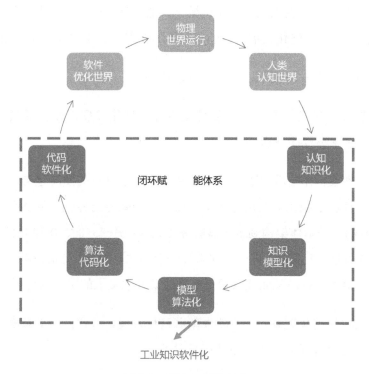

图 2-3　工业知识软件化

　　工业知识一般可以分为方法、过程和装置三个要素。不同要素的工业
知识软件化产生不同类型的工业软件。方法层面的工业知识在软件化后产
生了基于物理原理与专业学科发展的各类专业工具；过程层面的工业知识
在软件化后产生了以流程管理为核心的各类业务系统；装置层面的工业知
识在软件化后产生了各类嵌入式软件。工业知识软件化产生了覆盖制造全

过程、产品全生命周期的工业软件，并使其成为推动生产组织方式变革和工业转型升级的重要动力。

2.1.2　工业 App：新知识、新软件

工业软件自诞生以来，推动机械化、电气化、自动化的生产装备向数字化、网络化、智能化发展，经过几十年的发展，工业软件也在不断变化。

目前，工业软件呈现以下主要发展趋势。

从软件形态角度看，工业软件朝着微小型化发展：软件模块→软件组件→App→小程序→微小应用。

从软件架构角度看，大平台、小应用成为工业软件的发展趋势。一方面，在工业软件微小型化的发展趋势下，软件架构朝着组件化、服务化方向发展，从紧耦合的单体架构到基于微服务的架构；另一方面，基础工业软件朝着平台化发展，工业软件向一体化软件平台的体系演变，特别是基于技术层面的基础架构平台。工业互联网平台就是某种意义上的工业软件平台。

从软件使用角度看，工业软件朝着云化发展，将软件和信息资源部署在云端，使用者根据需要自主选择软件服务。

从工业知识角度看，工业软件以专业化为导向，从通用工业知识到特定工业知识，从工业知识创造、加工、使用的分离到统一。

同时，传统工业软件的缺点也逐步显现，如体系庞大、架构复杂、系统封闭、业务流程繁多、功能高度耦合、数据管理集中、协同与集成困难、可操作性差、难以拓展、开发难度大、开发周期长、更新维护不易、价格昂贵，以及难以适应多样、易变的生产需求等。

在这种背景下，工业软件的 "知识"与"软件"两个要素发生了变化，即工业知识软件化中的"知识"与"软件化"发生了变化。

在"知识"要素方面，在通用工业流程、方法等要素的集合、自然科学与技术科学等通用科学知识的基础上，工业软件向基于专用工业知识，面向特定应用场景解决特定问题的流程、方法、逻辑、经验、诀窍，以及数据挖掘分析得出的参数等通常人们难以把握的工业知识拓展。

在"软件"要素方面，工业软件由原来的单体式架构向分布式架构演变，由架构复杂、功能耦合向架构简单、功能独立演变。

在这两个要素变化的情况下，工业知识软件化产生工业 App。工业 App 是传统工业软件发展的新形态，一般以组件化、服务化呈现。工业 App 是人们将研发设计、生产制造、运营维护、经营管理等制造全过程的运行规律进行知识化、模型化、算法化、代码化、软件化的结果，是承载工艺经验、业务流程、员工技能、管理理念等知识的新载体。工业 App 将隐性、分散的知识显性化、数字化、系统化，促进知识保护、沉淀、传播、交易与复用，放大价值创造，发挥软件的赋能、赋值、赋智作用，推动工业提质增效升级。工业 App 一般有轻量化、灵巧化、定制化、独立化、可复用等特点。工业 App 不需要把所有的复杂流程全部定义出来，而只需要满足特定的场景需求，把这个场景微服务化。不同的工业 App 可以通过一定的逻辑与交互进行组合复用，解决更复杂的问题，从而既能化解传统工业软件因为架构庞大而带来的实施门槛高和部署困难等问题，又能很好地提高工业企业研发、生产、服务与管理水平及工业产品使用价值。

2.1.3　工业互联网：工业软件发展的新机遇

工业互联网的出现为以工业 App 为代表的工业软件的发展带来了活

力和增长机遇，基于工业互联网平台全新架构和理念开发工业软件，让工业知识软件化有了新的路径，让工业 App 发展进入工业互联网 App 的阶段。工业互联网平台定位于工业操作系统，是工业 App 的重要载体；工业 App 则支撑了工业互联网平台智能化应用，是工业互联网平台的最终价值出口；工业 App 在工业互联网环境下开发、应用及共享有利于促进知识的传播与复用，把知识经济推向新的时代。

1. 工业互联网平台带来了知识的沉淀、复用与重构

《重构：数字化转型的逻辑》指出：工业互联网平台的本质是通过提高工业知识沉淀与复用水平构筑工业知识创造、传播和应用新体系。其中，工业 PaaS 把大量的工业原理、行业知识、基础工艺、模型工具规则化、模型化，封装成可重复使用的微服务组件。通过平台，创新的主体可高效便捷地整合第三方资源，创新的载体变成可重复调用的微服务和工业 App，创新的方式变成基于工业 PaaS 和工业 App 的创新体系。这些大大降低了知识创新的成本和风险，提高了研发效率，加速了知识传播。

知识复用提升知识价值，改变知识生产方式。通过数据积累、算法优化、模型迭代，工业互联网平台将形成覆盖众多领域的各类知识库、工艺库、工具库和模型库，实现旧知识的不断复用和新知识的持续产生；通过将分散于不同单位与个体的工业经验汇聚，实现工业知识的系统化；通过提供基于工业知识机理的数据分析能力，实现知识的固化和积累；最终通过平台功能的开放和调用，以及网络的传播与交换，使工业知识得以更好地沉淀、传播、复用。

例如，工业 App 运行产生了大数据，经过提炼、抽取、处理、归纳后形成了数字化的工业知识，数字化的工业知识最终进一步完善工业 App，

为开发智能型的工业 App 打下基础。

2. 工业互联网平台带来了新的软件开发方式

基于工业互联网平台，传统工业软件系统层级从垂直分层的架构向扁平化过渡。基于工业互联网平台的工业 App 采用微服务架构，一方面，传统工业软件的架构被拆解成独立的功能模块，解构成工业微服务；另一方面，工业知识软件化形成工业微服务。工业 PaaS 实质上成了一个富含各类功能与服务的工业微服务组件池，这些微服务成为不透明的知识"积木"，面向应用服务开放 API，支持无专业知识的开发者按照实际需求以"搭积木"的形式进行调用，高效地开发出面向特定行业、特定场景的工业 App，而不需要每个开发者都具备驾驭大型软件架构的能力。此外，工业互联网平台支持多种开发工具和编程语言，以及图形拖曳开发、API 高级开发等，为不会写代码的工程师快速开发出人机交互的高端工业软件，以及欠缺工业理论和工业数据资产的 IT 人高效复用专业算法模型带来了可能。原本封闭的企业专业化开发转化为社会通用化共享，知识得到传播，能力得到复制与推广。这就极大地降低了工业 App 的开发难度和成本，提高了开发效率，为个性化开发与社会化众包开发奠定了基础。

工业互联网平台提供了一个新型工业软件的开发和运营环境，承载着数据驱动的工业操作系统。工业软件未来的开发和部署将围绕工业互联网平台体系架构，以工业 App 的形态呈现，通过工业互联网进行共建、共享和网络化运营，进一步降低工业知识软件化的门槛和开发工业软件的难度，孕育出一个新的工业软件生态。

在传统工业软件被国外工业巨头把持的局面下，工业 App 为我国提供了一条"换道超车"的路径。工业 App 能够动员社会力量，吸引海量第三方开发者，基于软件众包社会化平台，形成工业软件创新局面；有助于实现工业软件核心技术突破，补齐高端工业软件短板，加快解决我国工业软件发展中存在的"卡脖子"问题。我们在大力发展工业互联网平台的同时，也要趁势而上发展工业 App 与传统工业软件，抢占新一轮工业软件主导权。

3．工业互联网平台带来了新的价值呈现平台

工业互联网平台是工业全要素、全产业链、全价值链连接的枢纽，是实现制造业数字化、网络化、智能化过程中工业资源配置的核心，是信息化和工业化深度融合背景下的新型产业生态体系，对构建现代化产业体系、推动经济高质量发展、抢占新一轮产业革命制高点具有重要意义。

一方面，工业 App 将成为推动工业互联网平台发展的重要手段。工业互联网平台可被精辟地概括为：数据+模型=服务。工业互联网平台最终需要通过提供服务来体现价值。工业 App 是应用服务体系的重要内容，支撑了工业互联网平台智能化应用，是实现工业互联网平台价值的最终出口。没有工业 App，工业互联网平台就像没有了功能丰富的 App 的智能手机，而用户无法享受到便捷、智能的服务，自然不愿意付高价购买。

另一方面，工业互联网平台给了工业 App 全新的展现舞台。具体来讲，工业企业基于工业互联网平台，面向特定工业应用场景，激发全社会资源形成生态，推动工业技术、经验、知识和最佳实践的模型化、软件化和封装化，形成海量工业 App；用户通过对工业 App 的调用，实现对特定资源的优化配置，从而更好地支撑工业企业智能研发、智能生产和智能服务，提升创新应用水平，提高资源的整合利用率。

4. 工业互联网平台带来了新的生态

工业互联网以统一的架构体系，实现了对生产现场的 SCADA（Supervisory Control And Data Acquisition，数据采集与监视控制）系统，嵌入式工业软件，工厂级的 ERP（Enterprise Resource Planning，企业资源计划）、PLM、SCM（Supply Chain Management，供应链管理）、MES 等系统，云计算、大数据处理平台，以及面向协同化制造、个性化交互等应用需求的上层应用软件的集中管理、协调配合和统一展现，对底层物理设备管控、核心数据处理和上层应用服务提供等来讲至关重要。工业互联网的发展将推动工业软件发展生态体系的建设。

未来工业软件的开发和部署将可能围绕工业互联网平台体系架构进行，工业互联网平台的发展将重构工业软件发展的生态体系。国际知名企业推出工业互联网平台，集成工业研发设计、生产制造、经营管理和服务等关键工艺、流程和环节的知识技术模块化、代码化的众多工业软件，并将平台向广大企业和软件开发者开放，企业可以在该平台开发个性化的定制工业软件。

2.1.4　知识创生软件，软件定义制造

工业知识软件化产生工业软件，工业软件定义智能制造。各个国家先进制造计划的基础都是实现硬件、知识和工艺流程的软件化，进而实现软件的平台化，本质是"软件定义制造"。工业软件的核心是工业知识，软件定义制造也可以说是工业知识定义制造。进一步来讲，如宁振波所言，工业知识软件化构建软件化的工业基础，软件定义的生产体系促进生产关系的优化和重组，奠定软件定义制造的基础与前提。工业 App 以软件形式定义制造业务应用，是一系列软件化、可移植、可复用的行业系统解决方案，是软件技术与工业技术的深度融合。

多位专家指出：将来，人是知识的生产者，智能机器是物质的生产者；让"人智"以软件形式转化为"机智"。工业知识软件化，一方面将人的智慧提炼出来以软件为载体储存，把软件嵌入机器设备，通过软件运行，人的智慧以知识的形式变成机器智能；另一方面将工业大数据与机器学习替代人工积累经验，并自动发现知识、学习知识、积累知识，形成新的软件，提高机器智能。通过封装工业知识的工业软件对机器赋能、赋智，形成机器智能，并不断增强机器智能，这样可突破人使用知识的时空局限，从而极大地提高生产力。

综上所述，工业知识软件化变得非常有意义。知识是所有智能的源头，没有工业知识软件化就没有工业软件，没有工业软件就没有机器智能，没有机器智能就没有智能制造，同样，也就不会有工业互联网，软件定义制造也成了无本之木。

这里用图 2-4 简单做个小结。

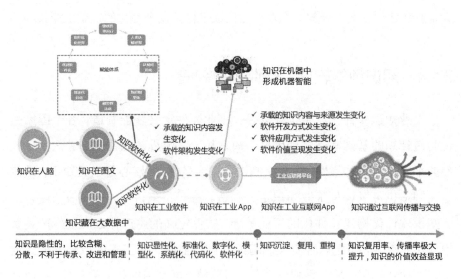

图 2-4　知识视角下的工业软件演变

2.2　工业软件的内涵

2.2.1　工具视角——工业软件是智能工具

工业革命几百年的发展史就是一部人类创造工具、应用工具改造自然的发展史。在工业经济时代，劳动者由体力劳动者和脑力劳动者两部分组成，其中体力劳动者占多数，主要用能量转换工具（如蒸汽机、内燃机、纺织机）进行社会化大生产。那么，数字经济时代使用什么工具呢？数字经济时代的劳动者转型为知识创造者，使用的工具是智能工具。

生产工具由能量转换工具变为智能工具，由此开启工业革命新征程。智能工具包括有形的智能装备和无形的软件工具。

（1）有形的智能装备——在传统的能量转换工具的基础上，增加了传感、通信、计算、处理等智能模块。能量转换工具被智能工具所驱动，比如智能机器人、数控机床等都在能量转换的基础上加载了传感、控制、优化、嵌入式软件等智能要素。

（2）无形的软件工具。比如，工业设计的计算机辅助设计（CAD）、计算机辅助工程（CAE），集成电路设计的电子设计自动化（Electronic Design Automation，EDA）等工业软件能够定义工业产品、控制生产设备、完善业务流程、提高运行效率、辅助科学决策、优化资源配置，是现代工业的灵魂。再如，过去工厂里传递信息要通过文档，设计师们用纸、笔等工具画出汽车、飞机的几何图形，而现在，设计师们用二维 CAD、三维 CAD

软件来设计汽车和飞机。如果说能量转换工具释放和延伸的是人的体力，那么以工业软件为代表的智能工具释放和延伸的不只是人的体力，更是人的脑力。智能工具的使用成为人类迈向"工业4.0"时代的重要标志。

2.2.2　知识视角——工业软件是工业知识软件化的产物

工业软件是工业创新知识长期积累、沉淀并在应用中迭代进化的软件化产物，如图2-5所示。

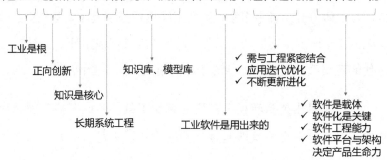

图2-5　工业软件是工业知识软件化的产物

- 工业是根。工业软件因工业而生，为工业所用。从发展历程来看，工业软件伴随着工业化进程而出现，大都诞生于工业领域，是基于工业技术研发出来的，并在工业应用中发展壮大。工业软件的根基是工业，正如某位先生所言："工业软件是一个典型的高端工业品，它首先是由工业技术构成的！"
- 正向创新。一方面，工业软件是工业正向创新实践的技术溢出，是先进生产力的关键要素，只要工业技术创新不息，工业软件就创生不止；另一方面，工业软件的应用需求在于正向创新，没有这种需求就不会产生和发展工业软件。我国工业软件发展相对滞后，其中一个重要的原因就是我国自我驱动的正向创新不足，这就导致工业软件发展的"源泉"不足，没有发展出强大的工业软件。

- 知识是核心。工业软件的核心是其中蕴含的知识，软件只是表现形式。开发工业软件是一门集工业知识与多学科知识于一身的专业学问。没有工业知识，也没有工业经验，只学过计算机软件的工程师是开发不出先进的工业软件的。

- 长期系统工程。工业软件伴随着工业化发展，需要长期的积累和沉淀，涉及的学科领域众多，可以称之为一项系统工程，不是一朝一夕、"砸钱砸人"可速成的。其中的知识库、模型库需要随工业化进程系统积累。

- 工业软件是用出来的。不同于 IT 软件，工业软件经开发完成之后往往存在各种问题。只有在工业实际应用场景中进行反复迭代、不断优化才能孕育出好的工业软件。由于这个过程不可跳过，因此工业软件的开发具有长期性。

- 软件是载体。工业软件是软件的一种，具有软件的特性，因此也要遵循软件开发的基本规律。要开发先进的工业软件，就要有强大的软件工程能力，将知识软件化，形成软件工具。其中，软件平台和软件架构决定了工业软件的生命力。一个开放、可扩展的软件架构能够支撑软件不断发展和创新，从而富有生命力。

2.2.3　属性视角——工业软件是两化融合产物

信息技术具有高渗透性、高倍增性、高带动性和高创新性的特征，在工业领域广泛扩散、深入渗透，推动了工业企业的研发、制造和运营的信息化。信息化是工业转型升级的使能工具，只有走工业化与信息化融合发展的道路，才能加速工业结构的调整和发展方式的转变，实现可持续发展。

工业软件是工业化和信息化融合的产物，体现了一个国家工业化和信息化融合的能力与水平。工业软件是新工业技术的容器，推动技术融合；是新产品的组件，推动产品融合；是新工业过程的载体，推动业务融合；是新信息化的产品，推动产业融合。

达索系统公司（后文称达索系统）发展掠影如图 2-6 所示。

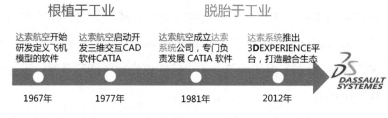

图 2-6　达索系统公司发展掠影

工业软件根植于工业，脱胎于工业。一方面，只有基于高端工业才能孕育出世界一流的工业软件。从国外高端工业软件的发展历程来看，工业软件大都诞生于工业领域，并在应用过程中发展壮大。以达索系统为例，达索航空于 1967 年着手用 Bézier 曲面建立飞机外形的数学模型，开始研发定义飞机模型的软件；1970 年采用批处理方式全面展开幻影飞机的数字化设计，1975 年买下了 CADAM 源程序，1977 年开发三维交互 CAD 软件 CATIA（Computer-graphics Aided Three-dimensional Interactive Application，计算机图形辅助三维交互式应用软件）。正是达索航空坚实的工业基础支撑了工业软件的研发。

另一方面，只有跳出工业的边界，广泛吸纳软件等信息技术才能持续发展有生命力的工业软件。达索航空在 1981 年成立独立的工业软件公司——达索系统，专门负责发展 CATIA 软件，并通过 50 多次的并购，于 2012 年推出 3DEXPERIENCE 平台，打造融合生态。此时的工业软件早已跳出工业的边界，按照软件的规律进行发展和持续进化。特别是大数据、人工智能等新一代信息技术融合推动了工业软件的发展，各类新型的智能工业软件不断出现。

2.3　工业软件的要素

2.3.1　工业软件的能力要求

将工业软件一层一层剥开，其内核是一座工业软件能力塔，如图 2-7 所示。塔的底层是数学、数值计算和计算机图形学。

图 2-7　工业软件能力塔

1. 数学

众所周知，算法对工业软件非常重要。例如，没有快速傅里叶变换，就不可能有对大量声音、视频信号的实时处理；没有快速多极子算法，就无法实现大量粒子间相互作用的快速计算。算法的基本原理是数学，比如快速傅里叶变换的基本原理是三角函数的周期性，快速多极子算法的基本原理是格林函数的多极展开公式及收敛性理论。工业软件的底层由这些基础的数学理论支撑。

2. 数值计算

数值计算指的是有效使用计算机求数学问题近似解的方法与过程，以及由相关理论构成的学科。数值计算主要研究如何利用计算机更好地解决各种数学问题，包括连续系统离散化和离散形方程的求解，并考虑误差、收敛性和稳定性等问题。从数学类型来分，数值计算的领域包括数值逼近、数值微分和数值积分、数值代数、最优化方法、常微分方程数值解法、积分方程数值解法、偏微分方程数值解法、计算几何、计算概率统计等。随着计算机的广泛应用和发展，许多计算领域的问题，如计算物理、计算力学、计算化学等都可归结为数值计算问题。

3. 计算机图形学

计算机图形学是计算机科学的分支，是一门通过计算机算法将二维图形或三维图形转化为计算机可以表示的形式并进行计算、处理与显示等研究的学科。计算机图形学的核心目标（视觉交流）可以分解为三个基本任务：表示、绘制、交互，即如何在计算机中"交互"地"表示""绘制"出丰富多彩的主、客观世界。这里的"表示"是指如何将主、客观世界放到计算机中去——二维、三维对象的表示与建模；"绘制"是指如何将计算机中的对象用一种直观且形象的图形/图像方式表现出来——二维、三维对象的绘制；"交互"是指通过计算机输入输出设备，以有效的方式实现"表示"与"绘制"的技术。其中，"表示"是计算机图形学的数据层，指物体或对象在计算机中的各种几何表示；"绘制"是计算机图形学的视图层，指将图形学的数据显示或展现出来。"表示"是建模、输入，"绘制"是显示、输出。"交互"是计算机图形学的"控制层"，它负责完成有效的对象输入输出任务，解决与用户的交互问题。

计算机图形学是计算机辅助设计与计算机辅助制造（Computer Aided Manufacturing，CAM）等软件图形化表达的基础。它使工程设计的方法发生了巨大的改变，利用交互式计算机图形生成技术进行土建工程、机械结构和产品的设计正在迅速取代"绘图板+工字尺"的传统手工设计方法，担负起繁重的日常出图任务，以及总体方案的优化和细节设计工作。在电子工业中，计算机图形学应用于集成电路、印制电路板，其电子线路和网络分析等方面的优势十分明显。另外，基于工程图纸的三维形体重建，就是从二维信息中提取三维信息，通过对信息进行分类、综合等一系列处理，在三维空间中重新构造出二维信息所对应的三维形体，恢复形体的点、线、面及拓扑元素，从而实现形体的重建，这些都深度依赖计算机图形学。

4. 专业知识

专业知识包括材料、半导体、结构力学、光学、热力学、声学、电磁学等物理、化学基础学科知识。这些是工业软件诞生的依托。例如，CAE软件诞生的根本是其解决结构、流体、热、电与磁、光、声、材料、分子动力学等物理场问题的能力——每种物理场都包含丰富的分支学科。

5. 行业知识

行业知识是指工业流程、方法等面向具体工业场景的行业知识。工业软件除具有基础学科知识外，还具有鲜明的行业特色，通过不断积累行业知识，将行业知识作为工业软件的关键要素。行业知识是生产过程中的关键知识、软件、诀窍及数据等知识的汇集，其主要内容包括生产过程中采集到的各种数据：计算公式、技术诀窍、各种事故处理经验及各种操作经验、操作手册、技术规范、工艺模型、算法参数、系数及权重比例分配等。

工业 App 封装一般以行业知识为主。

6. 软件架构设计

软件架构是对软件系统的一个结构、行为和属性的高级抽象表示，由构件的描述、构件的相互作用、指导构件集成的模式及这些模式的约束组成。软件架构不仅显示了软件需求和软件结构之间的对应关系，而且指定了整个软件系统的组织结构和拓扑结构，提供了一些设计决策的基本原理。

软件架构设计指对于软件生命周期和软件工程域标准内容的设计，其中包括了开发框架、技术选型、软件生命周期、持续集成模式、架构标准规范、开发规范、测试规范，以及各种架构约束等方面内容的设计，同时还需要基于上述内容进行相应的架构原型搭建和验证工作，确保架构设计内容能够真正落地。

进行软件架构设计的核心目的是在全面理解业务需求后给出整体的技术方案，避免后续在开发实现过程中出现遗漏。软件架构设计内容不仅仅用于指导后续的详细设计和开发，更加重要的是通过组件的划分和接口的设计让后续的开发工作能够真正并行起来，最终进行集成，以降低软件研发的复杂度，同时缩短软件开发周期，提高开发效率。

能否有序、高效、全面地做好软件架构设计事关工业软件产品化成功与否。软件架构将软件所具备的相应的核心知识予以固化，提供相应的可重用资产，将软件产品的推出周期进行有效的缩短，使软件产品开发与维护的总成本得以最大限度地降低，同时将软件产品的质量有效地提升，为批量控制提供有效的支持。

7. 用户体验

根据 ISO 9241-210 标准中的定义，用户体验是人们对于使用或期望使用的产品、系统或服务的认知印象和回应，即用户在使用一个产品或系统之前、使用期间和使用之后的全部感受，包括情感、信仰、喜好、认知印象、生理和心理反应、行为和成就等各个方面。

用户体验对工业软件如此重要，乔布斯很早就指出"软件就是体验"。用户体验带来的用户黏性是国内用户不愿换用国产工业软件的一个重要原因。达索系统将自家产品命名为 3DEXPERIENCE 平台，提出"体验经济"的理念，不无道理。人机交互、易用性对于用户体验来说不亚于功能实现。

不同类型工业软件的专业要求与实现难度如表 2-1 所示。

表 2-1　不同类型工业软件的专业要求与实现难度

工业软件类型	专 业 要 求	实 现 难 度	备　　注
工具软件	数学、数值计算、计算机图形学、专业知识、软件架构设计	非常难	主流的以国外的为主，国内多低端软件产品
业务系统	行业知识、软件架构设计、用户体验	相对简单	比较注重咨询及实施，国内的软件产品有一定优势
嵌入式控制系统	硬件集成、硬件接口设计、超大型系统框架设计	难	主流的都是国外的，国内也有

2.3.2　工业软件产品和技术要素

工业软件产品和技术要素如图 2-8 所示。该图是对工业软件产品和技术要素的剖析，工业软件被解构成软件开发层、软件运行层、软件业务层和软件展示层。

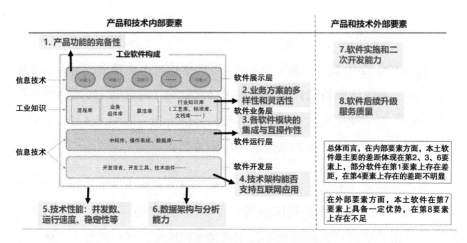

图 2-8　工业软件产品和技术要素

其中，软件开发层提供软件开发环境，包括开发语言、开发工具、技术组件等，主要面向软件开发人员；软件运行层提供软件运行环境，包括中间件、操作系统、数据库等，主要面向软件开发人员、实施和运维人员；软件展示层主要面向工业用户，为工业用户提供特定的业务功能。

软件开发层、软件运行层、软件展示层都是信息技术导向的，与所服务的工业领域无关。特别是软件开发层和软件运行层，狭义上讲是通用软件，不是工业软件的组成部分。

软件业务层主要包含相关工业领域的流程库、业务组件库、算法库、行业知识库（包含工艺库、标准库、文档库等）。软件业务层由相关工业领域的工业知识构成，这些工业知识是工业软件的核心所在。离开了工业知识，工业软件就失去了意义。因此，工业软件可以说是一种"知识工程"，其特色就是流程化、模板化、知识化。

工业软件产品和技术要素主要有以下几点。

- 产品功能的完备性。软件展示层的具体可执行功能是软件对外的主要呈现，而产品功能的完备性往往是用户选用的首要考虑因素。

- 业务方案的多样性与灵活性。复杂多变的工业场景需要多样、灵活的解决方案，这依赖于软件业务层的工业知识。

- 各软件模块的集成与互操作性。在实际应用中，工业软件产品不是孤立的，横向需要与上下游业务应用的其他软件集成与兼容，纵向需要与中间件、操作系统等适配。因此，各软件模块的集成与互操作性是工业软件产品在软件生态链中长期运行的关键。

- 技术架构能否支持互联网应用。随着云计算、互联网的发展，工业软件云化成为重要趋势。工业软件的技术架构能否满足互联网这种快部署、轻实施、多租户的云化需求，也是未来用户选用与否的考量因素。

- 技术性能：并发数、运行速度、稳定性等。相关调研显示，用户对 SolidWorks 新版本的关注点依次是软件质量和性能、与达索系统 3DEXPERIENCE 平台的连接与集成、软件功能增强。在 SolidWorks 2022 中，质量与性能的资源投入超过 50%，而功能增强的资源投入在 25%左右。用户更关注工业软件的性能而非功能。

- 数据架构与分析能力。工业软件模型驱动和数据驱动的特征愈发明显。越来越多的工业软件将基于大数据进行分析，对软件的数据架构与分析能力要求越来越高。

- 软件实施和二次开发能力。工业软件与普通软件不同，往往需要面对不同工业应用场景，一成不变的软件不能"包打天下"，因此常常需要根据具体场景和需求进行二次开发。

- 软件后续升级服务质量。工业软件是与时俱进、不断更新进化的，因此用户需要考虑工业软件的后续升级服务。特别是随着订阅式商业模式的推广，有无升级服务成为用户是否续费的重要考量因素。

总体而言，在内部要素方面，本土软件最主要的差距体现在第 2、3、6 要素上，部分软件在第 1 要素上存在差距，在第 4 要素上存在的差距不明显；在外部要素方面，本土软件在第 7 要素上具备一定优势，在第 8 要素上存在不足。

2.4 工业软件的发展路径

如前所述，工业软件是工业知识软件化的产物。从工业软件的本质出发，遵循工业软件规律，探寻工业软件发展路径，发展工业软件的"一体两翼"。"一体"是工业知识软件化，"两翼"分别是知识工程和软件工程，如图 2-9 所示。

图 2-9 发展工业软件的"一体两翼"

2.4.1 工业知识软件化

参考 2.1.1 节的内容，工业知识软件化被解构为认知知识化、知识模型化、模型算法化、算法代码化和代码软件化，贯穿从工业知识到工业软件的全过程，是为发展工业软件的"一体"，如图 2-10 所示。

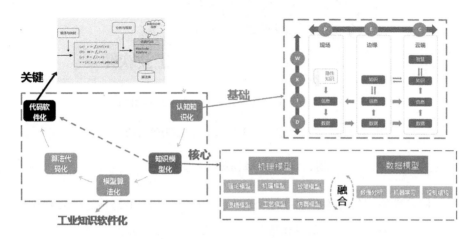

图 2-10 发展工业软件的"一体"

其中，认知知识化是基础，需要将隐性知识进阶成人们能理解的显性知识。知识模型化是核心，将显性的多学科知识转化成模型。模型一般可分为机理模型（如理论模型、故障模型、逻辑模型、工艺模型和仿真模型）和数据模型（如数据分析、机器学习、控制结构）。随着工业大数据的发展，基于数据模型的新型工业软件将越来越多，机理模型和数据模型也日渐融合，同时，有从模型直接转变成代码的趋势。代码软件化是关键，即将软件工程代码高效地转变成高质量的工业软件。

2.4.2 知识工程

知识工程涉及隐性知识的显性化、数据知识的标准化、信息知识的结构化、模式知识的范式化、技术知识的模型化、知识资源的全息化，如图 2-11 所示。下面具体介绍一下其中几种。

图 2-11 "一体两翼"之知识工程

- 隐性知识的显性化，将高度个人化、难以规范、不易传递的知识转化为以书面文字、图表和数学公式来表述的显性知识。

- 数据知识的标准化，设法统一数据的形式和格式，从纷繁复杂的数据中提炼共性数据，促进数据的有序化，进而促进业务的有序和协同。

- 模式知识的范式化，可以对工业知识进行提炼、总结，将不同形态、形式和特征的模式归一化、普适化和标准化，这样就可以利用计算机技术将其自动化。

- 技术知识的模型化，将已创造的知识成果进行标准化、统一化，形成产品模型或技术模型，在未来的产品设计或技术研究中，对参数进行适当调整即可完成新的设计。基于模型的系统工程和基于模型的企业均是将技术知识模型化大而化之的结果。

- 知识资源的全息化，通过大数据技术从更为广泛的角度和层次洞察数据，获得更丰富的知识，开辟一条利用大数据智能分析方法进一步挖掘各类知识中隐性知识的道路。

从产业角度来讲，推进知识工程需要企业加强对工业知识、制造工艺、流程管理等的积累，提升理论算法与机理模型等基础能力，加大关键工艺

流程和工业技术数据积累；鼓励企业围绕产品设计、工艺、制造和服务各
环节，提炼、总结专业工业技术、知识和经验，建立知识获取、应用和完
善的模式和机制，建设专用型工业知识库，支持行业协会等第三方机构/组
织面向重点行业采集、汇聚、加工共性知识，推进行业知识深度挖掘与要
素充分汇聚，建设开放型工业知识库，提升工业知识供给水平。

2.4.3　软件工程

发展工业软件的另一"翼"是软件工程。软件工程是一门研究工程化
方法构建和维护有效的、实用的、高质量的软件的学科。要发展工业软件
必须先懂得软件工程，同时要掌握软件工程的思维、方法、技术（包括数
据库、软件开发工具、设计模式等），其中与工业软件关系最紧密的是编程
语言和软件架构。

基于模型将是工业软件的基本方法，会对面向工业软件的软件工程产
生重大影响。如图 2-12 所示，在编程语言方面，从机器语言、汇编语言、
结构语言、面向对象语言到面向业务的建模语言，实现从面向 CPU 的语
言向面向工程人员的语言的演变；在软件架构方面，从单体架构、垂直架
构、SOA（Service-Oriented Architecture，面向服务编程）、微服务架构到模
型驱动的架构，实现从以软件为中心的架构向以模型为中心的架构的演
变。最终实现松散耦合，可动态扩展；资源可重用，系统可重构。

从业务组织角度看，推进软件工程需要依托软件和信息技术服务企
业，提升面向工业领域的基础软件、工具软件和系统软件创新和应用水平，
强化软件全生命周期、全过程质量管理体系建设；建立完善的工业软件产
品体系，提升设计、分析、编码、测试一体化软件能力；创新工业软件开
发工具和开发模式，鼓励工业企业设立软件业务部门，夯实软件自主研发

基础，提升企业软件化能力，实施企业软件化成熟度等级评估认证。

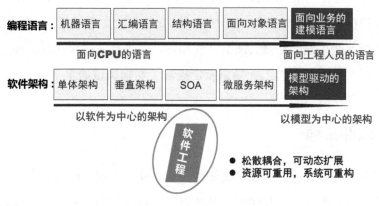

图 2-12　"一体两翼"之软件工程

2.5　工业软件与工业 App

2.5.1　工业 App 的内涵

工业 App 是基于工业互联网，承载工业知识和经验，满足特定需求的工业软件。工业 App "赋能" "赋值" "赋智" 的作用日渐凸显，正加速工业互联网应用生态构建，推动工业互联网向纵深发展。

工业 App 是工业软件发展的新形态，本质是工业知识的软件化，将隐性、分散的知识显性化、公有化、组织化、系统化，促进知识沉淀、传播与复用，提升知识价值的创造能力，改变知识生产方式。工业 App 是工业互联网平台的最终价值体现，支撑工业互联网平台智能化应用。工业 App 在工业互联网环境下开发、应用及共享，有利于促进知识的传播与复用，把知识经济推向新的时代。

工业 App 具有六个主要特征，包括知识化、灵巧化、轻量化、独立化、可复用和可移植。

知识化：工业 App 作为工业知识和技术的载体，面向工业应用场景，承载特定工业知识，具有知识属性。

灵巧化：工业 App 基于微服务架构的松耦合、易开发、易部署、易扩展等特点，支持灵活组态、持续更新和快速部署。

轻量化：工业 App 的开发主体一般是具备工业知识的工程人员。工业 App 一般具有轻代码化、小巧灵活的特征，便于开发人员快速、便捷地实现工业知识的封装。

独立化：工业 App 目标明确，独立解决特定场景的特定问题，相互之间耦合度低。

可复用：工业 App 可复用到不同场景解决相同的问题，实现组件复用、知识复用和场景复用。

可移植：工业 App 的抽象化和模块化设计，使其不依赖特定运行环境，可移植到不同平台。

传统工业软件与工业 App 比较如表 2-2 所示。

表 2-2　传统工业软件与工业 App 比较

	传统工业软件	工业 App
软件架构	紧耦合单体架构	解耦微服务架构
开发定位	面向流程或服务的软件系统	面向角色的 App
开发方式	基于单一系统开发	基于平台多语言开发
开发主体	以软件企业为主	以海量第三方开发者为主

续表

	传统工业软件	工业 App
集成颗粒度	大系统与大系统	微系统与微系统
通用性与专用性	通用性较强	专用性较强
集成模式	难以协同与集成	按需定制、全面集成
业务流程	相对复杂	相对简单
面向场景	面向多种应用场景，具有普适性	面向特定场景，具有专用性

传统工业软件一般承载几何建模知识、力学计算知识、生命周期知识等通用科学知识，提供人们应用工业知识、实践经验与规律的支撑框架，是通用工业原理、基础建模、计算、仿真、控制与执行等要素的集合，不以提供特定的具体的工业技术知识为主。传统工业软件面向多种应用场景，具有普适性，是一种相对抽象的工业应用程序。工业 App 是一种承载行业机理模型、工艺参数、经验规则等行业特定知识，面向特定场景，解决特定问题，满足特定需要的更为具体的应用程序。

2.5.2　发展工业 App 的重要意义

1. 工业 App 是制造强国和网络强国建设的有力支撑

制造业是实体经济的主战场，也是新一代信息技术的核心应用领域。工业 App 是软件定义制造业务流程的新型表现形式，必将有力支撑制造强国和网络强国建设。

第一，工业 App 是推进两化深度融合的新抓手。工业 App 充分结合工业企业的产品特色、管理模式和应用需求，固化、加速了工业技术知识和经验的收集、流通、交易、共享和增值，可以促进软件等新一代信息技术在工业生产和管理过程中的集成应用，推动工业化与信息化的深度融合，助力工业智能化转型。

第二，工业 App 是促进制造"双创"的新方法。工业 App 通过新的商业模式，将工业企业内部人员的创意转化为市场效益，实现自主知识产权的有效保护和价值创造的最大化，能够在更大程度上激发创新创业活力。

第三，工业 App 是破解国内工匠不足难题的新思路。工业 App 发挥软件的特点和优势，将制造业企业内部原本分散、隐性的技术、知识和经验挖掘出来，实现显性化、标准化、规范化，从而有助于将这些技术、知识和经验积淀下来，传承下去。

第四，工业 App 是催生软件产业发展的新动能。软件技术与工业技术的不断融合为软件和信息技术服务在工业领域的应用提供了广阔的市场空间，而工业 App 作为推动软件产业与工业业务场景深度融合的重要手段，它将成为拓展软件产业发展空间、催生软件产业增长的重要动力。

第五，工业 App 是发展工业软件的新路径。工业 App 正在引发新一轮工业软件产业变革。如前所述，工业 App 有助于实现工业软件核心技术突破，补齐高端工业软件短板，加快解决我国工业软件发展中存在的"卡脖子"问题。在工业软件遍布"壁垒"和"禁区"的市场竞争态势下，工业 App 为企业打开了一扇门，让企业多了一条通往新工业化道路的出口，多了一个"换道超车"的路径。

2. 工业 App 是工业互联网平台应用生态的价值体现

近年来，全球数以千万计的 App 催生了万亿级的移动互联网服务市场，成为繁荣移动互联网应用生态的关键载体。以生态为核心的产业竞争正从消费领域向制造业拓展。随着制造业与互联网融合发展向纵深推进，制造业数字化、网络化、智能化转型步伐明显加快，世界主要国家正在加快布局工业互联网平台，通过开放平台功能和数据、体系化和规模化部署工业 App、提供开发环境与工具等方式，广泛汇集工业 App 开发资源，构建新型制造业生态，赋能工业提质增效升级。

工业 App 是以"工业互联网平台+App"为核心的工业互联网生态体系的重要组成，是工业互联网应用体系的主要内容和工业互联网价值实现的最终出口。比如，提升大型企业工业互联网创新应用水平，需要数据集成应用、协同制造类工业 App 发挥数据分析、智能决策、资源整合的作用；加快中小企业工业互联网应用普及速度，需要研发设计、生产管理和运营优化类工业 App 发挥降低成本、提升效率的作用；建设和推广工业互联网平台，需要数据采集、网络管理、集成开发类工业 App 发挥数据融合、资源配置、创新研发的作用。工业 App 的发展将成为推动工业互联网发展的重要手段。正如移动 App 带来移动互联网生态的爆发，工业 App 也正在引领工业互联网生态的快速发展。

目前，工业互联网平台各项工作扎实推进，创新发展工程和试点示范项目稳步推进，充满活力的产业生态体系正在孕育形成。企业对解决行业生产痛点问题的实际应用需求愈发迫切，应用生态建设已成为下一阶段工业互联网产业发展的主线。工业 App 是工业技术、软件技术和互联网技术融合发展的产物，是工业互联网应用生态的基石。工业互联网的价值不仅在于数据分析、应用开发等使能环境的构建，更在于能够为工业企业提供的应用服务。工业互联网产业的健康、持续发展迫切需要提升工业 App 供给能力，实现对工业需求场景的覆盖。可以说，抓住工业 App，就抓住了开启工业互联网时代大门的"钥匙"。

3. 工业 App 在推进复工复产中发挥重要作用

工业 App、工业互联网平台等能够有效激发企业应用信息技术手段和信息化工具的热情，帮助其在实践中增强软件应用能力，借助工业互联网平台做好生产协同，从而有效加快复工复产的步伐。

全国各地涌现出一批工业 App 的解决方案。其中，设计仿真类工业 App，用于在线协同设计、程序开发、建模仿真、组件及专业工具共享，实现企业异地协同设计；生产制造类工业 App，用于设备远程管控、能耗管理、物料调度、作业排成、质量管控等方面，帮助企业实现生产作业的远程监测与调度；经营管理类工业 App，用于移动办公、经营分析、供应管理、销售管理等，支撑企业经营活动的远程分析与决策；运维服务类工业 App，用于远程运维、产品服务、工况监测等，实现对各类装备、机械等产品的远程监测服务。

这些优秀工业 App 的推广应用，帮助企业实现多种业务远程协作和协同，促进企业上云、信息化建设、数字化转型，有效支撑了工业企业复工复产。与此相对应的，企业也加快实现生产方式的变革，迈向全新的数字化时代。

2.5.3　培育工业 App 的路径

在工业 App 生态中，存在着不同的利益相关方，它们在产业链上既各司其职又互相影响，形成有规律的共同体，在产业、技术发展的外部环境下，相互制约、价值共享、互利共存。

坚持开放共享、价值共创，引导大量工业企业、平台运营商、软件开发商、系统集成商和其他开发者，建设以工业 App 与用户之间相互促进、双向迭代为核心，资源富集、创新活跃、多方参与、高效协同的工业 App 开放生态体系（见图 2-13），为产业发展提供源源不竭的前进动力。

图 2-13　工业 App 开放生态体系

- 建立一条工业 App 产业链：以工业 App 的开发、流通、应用为主线，打通工业 App 产业链的上、中、下游，在工业 App 全生命周期内的各环节促进资源综合利用，提高效益，惠及各个产业链成员，实现价值共创。

- 汇聚"政产学研用金"六大主体：工业 App 发展需要整合各方力量，推进各项行动实施，形成凝聚合力、协同推进的格局。在工业 App 生态体系内应充分发挥六大主体的作用。

政：政府总揽全局、统筹协调，运用行政手段出台政策与法规，规范工业 App 的规划和监管，提高工业 App 的发展质量。

产：企业是生态的主体，是工业 App 产业链的主要参与者。创新需求与研发实践来源于企业。前期"平台运营者+平台客户"作为工业 App 开发的主要参与者，后期则演进为以海量第三方开发者为主。

学：高校推动基础理论研究，培养并输出具备工业知识与软件知识，能够开发工业 App 的人才。

研：科研院所主导工业 App 标准、质量、安全、知识产权等研究，促进研究成果产业化，对工业 App 生态起引导和支撑作用。

用：工业 App 的主要应用者，成果转化及落地应用的主力军，能够提供应用需求反馈，刺激企业提高供给能力，催生创新，形成双向迭代、互促共进的局面，引爆增长，为生态体系创造价值，促进高质量工业 App 的研发。

金：发挥多层次资本市场的作用，建立工业 App 基金等市场化、多元化经费投入机制，引入风投、创投等资金，推动企业的创新，由社会资本参与工业 App 产业发展。

- 协同标准、质量、安全三大体系：通过在生态体系内部构建支撑保障体系，实现工业 App 产业的高质量发展。三大体系相互渗透，互为支撑，互为动力，以标准为先导，以质量为目标，以安全为保障，驱动工业 App 生态体系的发展。

1. 工业 App 关键环节

1）工业 App 开发

在工业 App 发展初期，应用开发往往由平台运营商自行完成，随着企业数量增多，应用需求扩大，平台运营商的自有服务能力很难满足多样化需求，因此将应用开发开放给第三方开发者是工业 App 生态发展的必然途径。尤其在细分领域，对于特定场景的应用，应用开发需要大量不同行业和领域的人才，因此，建立开发者社区成为必不可少的一环。

工业 App 的开发需要构建更多主体参与的开放生态，围绕多行业、多领域、多场景的应用需求，开发者通过对微服务的调用、组合、封装和二次开发，将工业技术、工艺知识和制造方法固化和软件化，开发形成工业

App。用与用、需求与需求之间的双向促进和迭代，促使开放共享的工业生态逐渐形成。基于这样的生态体系，制造业体系将发生革命性变革，工业企业不再全程参与应用开发，而是专注于自身的特长领域，第三方开发者与信息技术提供商专注为工业企业开发工业 App，通过平台合作机制实现价值共创。

2）工业 App 流通

在工业 App 流通的生态环境中，互联网运营企业、行业协会、行业龙头企业、大型企业、政府等是主要的运营主体。这里建议：政府完善工业 App 知识产权保护制度和工业 App 上线审查制度，行业协会健全工业 App 交易规则和服务规则，工业互联网平台运营商与技术服务提供商建立工业 App 交易平台和运营平台，互联网应用商店提供专业化的工业 App 上线和下载购买服务。

不同于一般的产品，工业 App 必须重新构建一个完整的流通交易价值链条，重点环节包括工业 App 的验证管理、工业 App 的评估认证管理、工业 App 的交易管理等。

（1）工业 App 的验证管理。工业 App 作为可交易的产品，其本身的质量和性能将直接影响用户的工作效率和质量，甚至关系到财产和生命安全，因此，对所有用于交易的工业 App 要进行严格的测试与验证。

（2）工业 App 的评估认证管理。工业 App 的评估认证管理是工业 App 实现流通交易的前提。首先，必须明确工业 App 认证的权威机构对工业 App 知识产权进行有效确认，并对工业 App 的价值进行评估；其次，要建立工业 App 认证的技术手段，保证工业 App 在流通交易环境中身份的唯一性；最后，要建立有效的工业 App 全生命周期管理体系，确保对工业

App 的引入、成长、成熟和退出等过程实现闭环管理。

（3）工业 App 的交易管理。工业 App 是工业技术软件化后形成的知识产品，只有通过市场化交易才能最大化发挥其存在的价值。工业 App 的交易管理应建立工业 App 市场的供需匹配、知识产权管理、市场管理、应用评价等机制。

3）工业 App 应用

在工业 App 的应用生态环境中，广大工业企业、平台运营商、运营服务提供商是主体。大量工业企业在平台运营商提供的工业互联网平台上应用工业 App，运营服务提供商为工业 App 的应用过程提供保障。广大制造业企业使用工业 App，并将应用需求、实际评价反馈给开发者，形成双向促进与迭代。

工业 App 的运营管理是实现工业 App 高效应用的必要条件之一。工业 App 的运营管理，首先，要建立工业 App 应用过程的故障、问题反馈机制；其次，要建立工业 App 的运维保障专业化团队，解决工业 App 在工业领域应用过程中遇到的专业问题；最后，要建立解决方案制定、工业 App 升级、工业应用效果反馈的闭环机制。

2. 工业 App 支撑体系

1）标准体系

标准作为引导和规范行业发展的重要途径，有助于推动行业建立共识，促进技术的积累融合和关键技术攻关，加快技术成果的应用，完善产业生态，是构建工业 App 生态体系必不可少的手段。

我国在信息技术标准化方面已有多年的经验和方法积累，广大的软件开发企业在供给侧提供软件能力保障，一批工业 App 的行业先行者也在应用实践中积累了相当多的经验，这对开展工业 App 标准工作提供了有力支撑。

工业 App 标准体系的构建是基于综合标准化的理论思想的。具体来讲，先确定标准化对象，从问题出发，梳理标准化对象有待解决的问题，形成标准化需求。针对工业 App 这个对象，围绕如何定义工业 App，如何培育开发工业 App，如何集成应用工业 App，如何规范工业 App 服务，以及如何保障安全五个问题，可分别构建基础类、开发类、应用类、服务类和质量类五类标准。

其中，工业 App 基础标准是认识、理解工业 App 的基础，是开展工业 App 培育的方法论，为其他标准的研究提供支撑；工业 App 开发标准围绕工业 App 的全生命周期，重点解决共性关键技术问题，来指导 App 研发过程；工业 App 应用标准围绕工业 App 间的协调集成，重点解决集成方法和平台的问题，指导 App 间的集成过程；工业 App 服务标准围绕成熟工业 App 对外提供的服务，重点解决运维、测试、流通等典型服务的规范问题，指导 App 服务；工业 App 质量标准围绕工业 App 面临的质量与安全问题，解决基础共性问题，实现工业 App 的质量与安全保证。

工业 App 标准体系的构建从标准研发、试点验证、宣贯培训和咨询评估四个方面顺序开展。在标准研发方面，政府指导，行业联盟标准组牵头，组织标准院所、工业企业、软件企业、专家、开发者推进标准研发工作；在试点验证方面，以龙头企业为主要试点对象，地方政府、行业协会、行业联盟、科研院所来辅助推进；在宣贯培训方面，除了地方政府、行业协会、行业联盟、培训机构，行业龙头企业也有义务组织标准的宣贯培训；在咨询评估方面，第三方机构和软件企业开展开发工具箱、制定解决方案和符合性评估工作，工业企业则进行自我评估和能力提升。

2）质量体系

筑建多方参与的开放工业 App 质量体系是保证工业 App 质量的有效方式。在整个质量体系中，政府部门出台政策法规，建立工业 App 上线审查制度，规范产业运行管理机制；行业联盟等制定标准规范，为质量管理提供行动指南；第三方机构依据政策法规及标准规范，形成测试认证评估能力，以质量管理服务为手段，从管理体系认证、产品测试、持续服务能力评价、运行维护监管等方面对整个产业链进行全方位的质量管控。

（1）从产品层面建立工业 App 全生命周期质量管理体系。软件全生命周期对工业 App 仍然适用。工业 App 全生命周期质量管理实际上是工程化管理，主要任务是使工业 App 活动规范化、程序化、标准化。工业 App 的全生命周期质量管理体系围绕工业 App 的需求分析、可行性分析、方案设计、技术选型、开发封装、测试验证、应用改进等进行构建。具体来讲，根据相关标准规范，通过质量管理计划、文档管理、缺陷管理、过程质量数据收集分析等对工业 App 的各个过程进行规范化的管理、协调、监督和控制；建立组织机构，通过开发计划、任务管理、进度管理、评审控制、变更控制等进行项目过程管理；通过专业人才队伍进行全局的配置管理，形成有机统一的管理体系。

（2）从企业层面建立工业 App 软件化成熟度等级认证体系。工业 App 软件化成熟度等级认证体系提供了一个基于过程改进的框架图，指出一个工业 App 开发企业在工业 App 开发方面需要做的工作及这些工作之间的关系，从而使工业 App 开发组织走向成熟；通过帮助工业 App 开发企业建立和实施过程改进计划，致力于工业 App 开发过程的管理和工程能力的提高与评估，同时指导企业如何控制工业 App 的开发和维护过程，以及如何向成熟的工业 App 工程体系演化，并形成一套良性循环的管理文化，进而改进工业 App 生产质量。

（3）从产业层面建立工业 App 质量服务平台。具体来讲，由第三方建立工业 App 质量服务平台，开展工业 App 的质量管控、供需对接、能力认证、测评服务；提供对工业 App 质量数据的广泛收集、脱敏处理、深度分析，形成质量数据地图，实现对工业 App 的质量监控、质量预警、质量评价；基于监控、预警和评价分析得到信息，提供模型进行实时决策，提升对工业 App 行业质量实时监测、精准控制和产品全生命周期质量追溯能力；促使质量、技术、信息、人才等资源向社会共享开放，打造质量需求和质量供给高效对接的服务站，为产业发展提供全生命周期的技术支持；通过制定认证服务规范，对工业 App 产业链上下游的企业从技术、产品、体系方面进行能力认证；围绕工业 App 功能、性能、可靠性、可移植性、安全性等测试需求，广泛汇聚测试开发者与测评服务提供商，推动测评能力开放与共享，形成"众创、共享"的测评研发创新机制。

3）安全体系

安全是工业 App 能健康发展的保障。消费类 App 存在的信息安全问题都有可能在工业 App 应用过程中出现。发展工业 App 需要建立覆盖设备安全、控制安全、网络安全、软件安全和数据安全的多层次工业 App 安全保障体系。

怎么保障工业 App 安全？具体操作如下。

建设工业 App 安全靶场，提升攻击防护、漏洞挖掘、态势感知等安全保障能力。建立工业 App 数据安全保护体系，加强数据采集、存储、处理、转移等环节的安全防护能力。科研院所与企业联合建设工业 App 应用安全管理体系，建立健全工业 App 信息安全测评机制，形成工业 App 信息安全性测试和评估的长效机制。

综合工业 App 的安全需求，企业需要推进相关技术服务能力建设，保障工业 App 信息安全。

（1）信息安全监测与预警服务能力建设。

这是指建立工业 App 信息安全漏洞数据库，进行监测预警，以及工业 App 信息安全态势及风险通报。

（2）信息安全咨询与培训能力建设。

信息安全咨询与培训能力建设包括对工业 App 安全体系咨询、研究项目合作咨询、测评技术培训等，针对工业企业的现场管理流程和规范，向相关人员提供培训服务，提升现场人员的信息安全管理能力和技术能力，构建信息安全知识体系。

（3）安全解决方案能力建设。

这是指以工业 App 实际运行情况为基础，参照国际和国内的安全标准和规范，充分利用成熟的信息安全理论成果，为工业 App 设计出兼顾整体性、可操作性，并且融策略、组织、运作和技术于一体的安全解决方案，建立一套可以满足和实现这些安全要求的安全管理措施。具体包括适用的安全组织建设、安全策略建设和安全运行建设。安全管理措施与具体的安全要求相对应，在进行安全管理建设时，针对各系统现状和安全要求的差距选择安全管理措施中对应的安全管理手段。

（4）渗透测试服务能力建设。

这是指根据工业 App 信息安全保障需要，组织工业 App 渗透性测试能力建设，以保障工业 App 配置、系统漏洞、数据等方面的安全。所涉及的技术不仅包括消费类 App 安全渗透测试技术，而且包括工业控制系统渗透测试技术。

3. 工业 App 培育

培育工业 App 是通过工业技术软件化手段，借助互联网汇聚应用开发者、软件开发商、服务集成商和平台运营商等各方资源，提升用户黏性，打造资源富集、多方参与、合作共赢、协同演进的工业互联网应用生态，是推动工业互联网持续健康发展的重要路径。

1）技术支撑，夯实工业 App 发展基础

一是建设工业 App 标准体系：加快制定工业 App 接口、协议、数据、质量、安全等重点标准，推动行业建立共识，引导和规范工业 App 培育。二是建设通用的工业 App 开发环境：整合主流工业系统和平台的各种 API，开发适用于多种框架、语言、运行环境的开发环境插件，从而保证开发人员快速、便捷地实现功能。三是推动开发工具的开发和共享：提供强化的实现功能，包括对运行环境进行仿真的开发沙盘、资源管理工具等。四是加快建设工业知识库：推动制造业工业知识关键技术研发，鼓励大型企业围绕产品设计、制造、服务等各生产周期，以及工业数据采集、传输、处理、分析等各数据周期提炼专业工业知识，进行软件化、模块化，并封装成可重复使用的标准模块。五是建立工业 App 测评认证体系：围绕协议异构、数据互通、应用移植、功能安全、可靠性等测试需求，建设工业 App 测试平台，提供在线测试认证等服务。

2）生态引领，优化工业 App 发展环境

一是发挥第三方组织的纽带作用，有效整合"政产学研用金"各方资

源，建立政府、企业、第三方组织协同工作体系和工业 App 发展咨询评估服务体系，开展各项产业化工作，推动我国工业 App 产业发展。二是建立工业 App 交易配套制度、信用评价体系、知识产权保护制度及知识成果认定机制，保障 App 交易生态的顺利运行，支持"众包""众创"等创新创业模式参与工业 App 研发，形成工业 App 开发、流通、应用的新型网络生态系统。三是构建开源的开发者社区，形成创新生态，即打造完整的开发环境及社区，通过向开发者提供丰富的 API、开发模板、开发工具、微服务等多种方式，吸引并鼓励开发者进行应用开发及技术经验交流共享。四是拓宽校企、院企等人才培养合作渠道，建立复合型人才培养基地，建设国家级高水平工业 App 规划、开发、评测的专家团队，提升产业人才供给能力。五是广泛吸引社会资本成立产业投资基金，探索、引导、组织国内产业链上下游企业以资本为纽带，集中力量共同开发和推广工业 App，构建产业生态体系。六是举办工业 App 开发者大赛，甄选并落地一批工业 App 优秀解决方案，挖掘并培育一批富有活力的工业 App 设计开发人才，筛选并扶持一批具备潜力的工业 App 创新型企业，营造有利于工业 App 培育的环境，推动工业互联网平台应用生态建设。

2.6　工业软件与工业互联网

2.6.1　工业软件对发展工业互联网平台意义重大

如前所述，工业互联网平台是面向制造业数字化、网络化、智能化需求，构建基于海量数据的采集、汇聚、分析和服务的体系，支撑制造资源泛在连接、弹性供给、高效配置的开放式云平台，是工业互联网的核心。

工业软件是现代工业的灵魂，可以实时感知、采集、监控生产过程中产生的大量数据，促进生产过程的无缝衔接和企业间的协同制造，实现生产系统的智能分析和决策优化，从而推动制造业向数字化、网络化、智能化方向变革。工业软件是发展工业互联网平台的有力工具和底层核心。可以说，工业软件是决定工业互联网平台高质量发展的基础。

从边缘层看，数据采集是工业互联网平台的基础，表现为利用泛在感知技术对设备、系统、环境、人等信息进行实时高效采集，实现制造全过程隐性数据的显性化和云端汇聚，其中的生产过程控制、通信协议的兼容转换、边缘计算等都离不开软件的支持。例如，运用协议解析软件、中间件等兼容各类工业通信协议和软件通信接口，实现数据格式转换和统一。

从 PaaS 层看，工业 PaaS 平台本质是一个可扩展的工业操作系统，为工业软件开发提供一个基础平台。工业 PaaS 平台本身是开源软件经二次开发而来的，平台上的开发环境、开发工具是一套云化的软件，将工业技术、原理、知识模块化、封装化、软件化，是一系列可调用的、组件化的软件。

从应用层看，工业 App 本身就是面向特定工业应用场景的软件程序，是一系列软件化、可移植、可复用的行业系统解决方案，与工业 SaaS（Software as a Service，软件即服务）一起支撑了工业互联网平台智能化应用，推动制造业智能研发、智能生产和智能服务，是实现工业互联网平台价值的最终出口。

2.6.2　发展面向工业互联网的工业软件的紧迫性

当前，面向工业互联网的工业软件的前沿创新能力不足，核心技术依赖开源，面临着国外企业的率先布局带来的压力。

1. 前沿创新能力不足

国产工业软件企业缺乏技术研发与创新的原生动力，对移动互联网、物联网、云计算、大数据等关系工业软件未来发展方向的新兴及前沿信息技术研究不够深入。国内企业起步晚、基础薄弱，与工业互联网结合不够紧密，缺乏长远规划，开发的产品在国际市场缺乏竞争力，具有国际影响力和高品牌知名度的企业少。

2. 核心技术依赖开源

工业互联网平台软件核心技术主要依赖于由国外开源社区主导的开源项目，国内工业互联网平台控制计算及网络资源、工业应用开发及运行等核心功能依托面向 IaaS 层的云管理系统、面向 PaaS 层的通用平台管理系统、工业大数据分析管理系统等。大型工业软件主要依赖国外开源技术和项目构建，导致我国面向工业互联网平台建设的工业软件技术积累不够、自主可控能力不足。

3. 国外企业的率先布局带来压力

随着工业互联网的快速发展，工业软件技术架构深刻变化，由单机模式向网络化模式演进。国外领先企业努力把握工业互联网带来的发展机遇，大力发展新型工业软件。比如，GE 于 2018 年 12 月成立独立的工业互联网软件公司，运行 Predix 等板块。若我国未能把握好窗口期、机遇期，很可能进一步拉大与国际先进水平的差距。

2.6.3　发展工业软件，推进工业互联网平台发展

强化顶层设计，统筹工业软件发展与工业互联网平台建设，供需两端发力，夯实工业软件基础，抓住新一代技术变革历史机遇，发展工业软件，坚持质量为先，健全质量保障体系，推进工业互联网平台高质量发展。

1. 统筹布局，强化顶层设计

一是以《国务院关于深化"互联网+先进制造业"发展工业互联网的指导意见》《"十四五"软件和信息技术服务业发展规划》《"十四五"信息化和工业化深度融合发展规划》等文件为指引，统筹工业软件发展与工业互联网平台建设，研究制定路线图。二是完善组织领导机制，健全政策体系，加强部省市联动和宣传推广，从技术、财政、税收、人才、市场等方面加强统筹。三是推动以工业软件发展和工业互联网平台建设为核心任务的制造业创新中心建设，统筹协调多行业工业软件与工业互联网平台的建设。

2. 供需一体，夯实工业软件基础

一是聚焦一批瓶颈工业软件，整合"产学研用"力量，开展联合攻关，通过体系性支持突破关键核心技术。二是推动工业模型和知识组件建设，建设国家级公共模型知识组件共享平台，形成丰富的工业软件基础资源。三是推动"产用"协同，加强"产用"对接，鼓励应用企业和工业软件供应商通过产品和服务形成整体/团体，应用企业提升数字化能力，工业软件供应商提升产品适用性。

3. 抢抓机遇，发展工业软件

一是加快工业软件云化改造，推动各类传统工业软件（研发设计、经营管理、运营维护等）通过体系重构、代码重写的方式部署到云端。二是夯实工业技术软件化基础，促进工业数据资源开放共享，推动工业 App 向工业互联网平台汇聚。三是基于工业互联网汇聚资源，建立基础软件自主开源社区，推动大数据、人工智能等新一代信息技术与工业软件结合，支持"众包""众创"等创新创业模式参与工业软件研发与工业互联网平台建设。

4. 质量为先，健全保障体系

一是编制工业软件质量标准与测评规范，开展质量评估和测试验证工作，规范全生命周期运营流程，强化监督管理，督促指导企业树立质量意识。二是鼓励企业、科研院所、高校等加大投入，联合建设工业软件与工业互联网平台质量研究机构，推动质量保障技术的研发，提升质量保障能力。三是建设数字化质量管理中心，进行质量监控、质量预警、质量评价，提升对产业质量实时监测与精准化控制能力。

第 3 章

剖析工业软件:
以设计仿真软件为例

工业软件细分门类众多，如果全部展开叙述，就容易"连篇累牍"。因此，本章首先介绍工业软件产业基本情况，然后重点选取当前我国被"卡"得最严重的工业软件——设计仿真软件为样板进行"解剖"，从发展现状、国内外水平对比、应用、生态链构建等方面进行详细阐述，以求"窥一斑而知全豹"。

3.1　工业软件产业的基本情况

3.1.1　国内外现状与趋势

从发展历程来看，工业软件伴随着工业化进程而发展，大都诞生于工业领域，基于工业技术研发，并在工业应用中发展壮大。发达国家在全球率先建立了较为完整的工业体系，并伴随着信息技术的发展，提出了对工业软件的迫切需求。工业软件在为工业企业服务的同时也不断完善与改进，二者相互促进，不仅为发达国家建立了高度发达的现代工业体系，也使其拥有了工业软件领域几乎所有的核心技术和行业标准，孕育出了达索系统、西门子等多家国际知名工业软件企业。

1. 国外现状

从产业格局来看，以美、法、德等国为代表的软件企业引领着工业软件技术和产业发展方向，处于世界领先地位。其中，主流软件企业包括美国甲骨文（ERP、数据库等软件供应商）、ANSYS（CAE 等软件供应商）PTC（CAD、CAE、PLM 等软件供应商）、欧特克（CAD 等软件供应商）、GE（MES、MRO 等软件供应商）等；德国思爱普（ERP、PLM 等软件供应商）、西门子（CAD、PMP、PLM、MES、MRO 等软件供应商）、法国达索系统（CAD、CAE、PLM 等软件供应商）。

进入 21 世纪以来，工业软件产业成为国际制造业与软件业巨头竞相追逐的战略制高点。甲骨文、思爱普、西门子等众多公司高价并购了大量工业软件公司，掀起并购热潮，以扩展其现有的工业软件产品组合，提升数字化制造能力。各公司都希望通过提升工业软件能力打造自己在新工业革命中的核心竞争力。

欧美发达国家的工业软件发展处处体现着国家意志。那些欧美发达国家对企业给予强有力的财政支持。美国从 NASA 计划开始把科学计算和建模仿真软件作为服务于国家利益的关键技术，从未停止投资。近几年先后发布《高性能计算与美国制造业圆桌会议报告》《国家先进制造战略计划》等持续强化这一理念。

2010 年，奥巴马政府签署规模为 170 亿美元的《美国制造业促进法案》，希望从人才、技术、税收和贸易四方面复兴其制造业。其中，发展以工业核心软件为代表的软件技术被明确提出用于保证制造业形成竞争优势。2013 年，德国正式宣布实施 "工业 4.0" 项目，并把包含 SAP、西门子、Software AG（欧洲最大的系统软件供应商）、Telekon 公司（全球电信巨头）等"这个集结全球最先进水平 IT 精英群"视为德国在未来"工业4.0"中发挥主导作用的重要基石。

2. 国内现状

在国家相关计划的支持下，我国工业软件发展从无到有、逐步成熟。近年来，国家相继出台多项政策文件支持工业软件发展。《国务院关于深化制造业与互联网融合发展的指导意见》提出"强化软件支撑和定义制造业的基础性作用"，从战略和全局的高度明确了新时期软件特别是工业软件的地位与作用。《新时期促进集成电路产业和软件产业高质量发展的若干政策》对工业软件等重点软件通过财税等方式进行支持。《"十四五"软件和信息技术服务业发展规划》对"十四五"期间工业软件发展进行了系统布局。

工业软件在有力支持制造业转型升级的同时，有效促进了我国基础软件、支撑软件、应用软件产业格局的形成与发展：突破了一批工业软件技术，形成了自主软件产品线，基本覆盖了制造业产品全生命周期及企业管理的各环节；培育了一批国产工业软件供应商，初步形成了产业体系。目前，国产工业软件已经在国内市场占据了一定的份额，其中部分种类的软件形成了与国际同类软件相抗衡的态势。

但从整体来看，我国工业软件发展水平落后于主要发达国家。我国工业软件发展不均衡，"管理软件强，工具软件弱；低端软件多，高端软件少"。国内工业软件企业大部分还很弱小，在国际市场上的影响力较弱，只是在国内中低端市场具有较高的占有率。在生产管理、生产控制及装备嵌入式软件等方面，虽然国内工业软件企业的市场占有率不断提升，但是在高端工业软件方面发展缓慢，步履艰难，几乎所有重点工业行业使用的高端工业软件都要依赖进口。中兴事件表面暴露出来的是芯片的问题，但更加致命的是设计软件的问题。因为 EDA 是芯片的基础，没有 EDA 是根本无法完成芯片设计的。

3. 发展趋势

在智能制造、工业互联网等先进制造体系中，工业软件主要负责计算与分析，其产业体系较为成熟，未来新型工业软件将向仿真化、大数据化、集成化、云化和 App 化的方向发展。

（1）仿真软件将成为新型工业软件未来的发展重点，复杂系统仿真成为重要方向。得益于计算处理、数据支持、图形化等基础支撑技术的持续提高，面向多相多态介质、多物理场、多尺度等复杂耦合仿真的新型工业软件日渐丰富，其实现形式主要有两种：一是通过开放的数据接口标准进行多仿真系统耦合的联合仿真，如达索系统推出 Dymola 仿真平台，基于 FMI/FMU 接口联合十几种不同建模工具和机电系统进行仿真；二是通过增加仿真模块，通过单系统实现多领域仿真，从而扩展工业仿真软件应用领域。

（2）新型工业软件引入大数据等先进技术应用，加强分析与计算能力。企业管理和生产管理等传统工业软件与大数据技术结合，通过对设备、用户、市场等数据的分析，提升场景可视化能力，实现对用户行为和市场需求的预测和判断；大数据与工业具体需求结合产生新型工业数据分析软件，实现了产品良率监测、设备预测性维护管理、产线动态排产等多种工业智能化场景应用。

（3）工业软件系统将以 PLM 等关键软件为中心集成化，将工厂内的"信息孤岛"聚合为"信息大陆"。传统工业软件以 ERP 为中心进行数据打通，未来新型工业软件将基于 PLM 进行系统性集成，如西门子打造了基于 PLM 架构的全集成数字能力解决方案，其 PLM 产品可实现外部设计工具、分散的研发团队、MES 与控制系统、第三方管理软件等多方系统的集成，实现工厂从底层到上层的信息贯通。

（4）基于 SaaS 模式的工业软件成为重要趋势，但主要面向中低端产品。当前向云平台迁移的工业软件主要为 CRM 和 SCM 两种，未来企业管理软件与设计仿真软件将加速向云迁移。其中，ERP 由于包含大量本地敏感数据，将以混合云为主要形式，CAD、CAE、CAM、CAPP（Computer

Aided Process Planning，计算机辅助工艺设计）将率先探索中低端 SaaS 云服务市场，MES 云化方案尚处在起步探索阶段。

（5）工业 App 成为工业软件形态演变的重要方向。在工业软件微小型化发展的趋势下，软件架构朝着组件化、服务化方向发展，工业 App 成为工业软件发展的重要形态。工业 App 将隐性、分散的知识显性化、系统化，促进知识沉淀、传播与复用，放大价值创造，推动工业提质增效升级，具有轻量化、灵巧化、独立化、可复用、可移植等特点。特别值得一提的是，工业互联网的出现为工业 App 的发展带来了强大的活力和增长机遇，基于工业互联网平台全新架构和理念开发工业 App，让工业软件的发展有了新的路径。

3.1.2　问题与原因

1. 存在的问题

我国制造业核心软件的发展虽然取得了长足进步，但长期以来承受着自身发展困境和国外主流软件冲击的双重压力。随着制造业和信息技术的发展，国产软件面临的发展形势更为严峻，主要体现在以下几方面。

1）我国工业软件整体成熟度不够，企业竞争力不强，高端工业软件仍然被发达国家垄断

一是整体成熟度不够。国内工业软件多数处于基本解决方案阶段，尚不完全具备良好产品形态，拥有专利及独立知识产权的产品较少，应用实施的效率不高，尤其是对产品技术规范的关注不够，难以形成产品技术的协同。单元技术有所突破，但关键核心技术有待突破，集成平台缺乏。针

对特定需求定制开发比例较高，通用性和可配置性较差，难以适应企业业务流程的变更或生产线、工艺变化等情况。某些工业软件产品仅停留在平台和工具的层面，缺少必要的行业应用功能支撑。

二是企业竞争力不强。国产工业软件企业缺乏技术研发与创新的原生动力，对关系工业软件未来发展方向的新兴及前沿信息技术研究更是不够深入。国内企业起步晚、基础薄弱，开发的产品在国际市场竞争中不占优势，具有国际影响力和高品牌知名度的企业不够多。

三是高端工业软件仍然被发达国家所垄断。国产工业软件产品多集中在二维 CAD、MES、ERP、CRM 等门槛较低的软件类型，而设计开发、生产制造、运维服务等领域的高端软件及高端用户（包括 ERP 高端用户）基本上被国外产品所垄断。同时，国内工业软件产品虽然价格较低，但是产品成熟度、适用度、稳定性、兼容性等与国外同类产品相比仍有差距，持续服务水平仍有待提高，市场对国内产品的信心和认可程度总体偏弱。

2）我国工业企业的专业知识积累不足，复合型人才稀缺，产品研发数字化程度不高

一是工业知识积累不足。部分工业软件的核心模型与算法尚未被掌握，如 CAD 的几何内核算法和 CAE 的有限元算法，国产软件企业仍需通过授权经营或整体购买的方式使用。工业软件使用人员工业知识储备不足，对工业软件背后的设计原理了解不够，而且缺乏基础工艺研发数据的长期积累，导致对基础技术原理数据的积累存在不足；对产品定制和二次开发的相关能力积累不足，与工业应用场景结合能力较差，难以满足复杂多变的工业实际业务与特定场景的需求。

二是复合型人才稀缺。研发和应用工业软件需要大量既懂软件技术又懂工业技术，并且具有一定企业管理知识的复合型人才，成才率低、培养难度大导致工业软件人才大量缺乏。同时，受经济等多方面因素的影响，人力成本上升较快，软件企业人力成本支出压力日益增大。待遇持续走高，国外软件企业加快在我国布局，也使国产软件企业间争夺人才的现象更加激烈，许多国产软件企业依靠实施工业软件项目培养出的工业软件人才流失严重。

三是产品研发数字化程度不高。我国工业产品研发数字化程度与国外同类产品的差距较大。早在 1990 年，美国研制波音 777 飞机就采用了整机数字化设计、数字化制造和数字化协调的全数字化模式，历时 4 年，直接进行第一架波音 777 飞机的首次试飞，研制周期缩短 50%。目前，欧美国家的先进企业已经基本实现了用数字化仿真取代物理实验。我国还难以达到这个水平，尤其在系统设计领域，相关的手段和工具仍然较为缺乏。

3）我国工业软件产业规模偏小，价值链仍不完善，没有形成完整的工业软件体系

一是产业规模偏小。智研咨询研究报告显示，2021 年全球工业软件市场规模达到 4561 亿美元，我国工业软件产业规模达到 2414 亿元人民币，仅占全球市场规模的 7.95%，但我国工业增加值占全球比重却接近 30%，这与我国工业大国的地位不匹配。

二是价值链仍不完善。我国工业软件产业链缺少高技术附加值的增值服务供应商，如结合信息技术与行业需求的行业应用服务商、工程技术咨询服务商等。几乎所有的国产软件企业都参与了从软件产品研发到终端用

户服务全过程的各环节，虽有一定经营规模，但经营成本相对较高，总体上处于产业链及价值链中低端。

三是没有形成完整的工业软件体系。欧美国家的企业在工业软件领域具有很大的优势，形成了一个完整的"生态圈"。国产工业软件发展严重滞后，产业生态基础还很薄弱。重点工业领域关键核心技术被发达国家的企业掌握。工业软件研发需要以生态系统为支撑，然而目前我国工业操作系统、工业软件开发平台等重要国产工业基础软件是全产业链缺失的，这也直接导致了国产工业软件没有体系支撑。

2．主要原因

1）在文化意识上，原始创新意识不强、重硬轻软、版权意识薄弱、缺乏工具化思维，导致工业软件发展缺乏良好的外在成长土壤

一是对工业软件认识不足。赵敏和林雪萍认为，工业软件是典型的高端工业品，它首先是由工业技术构成的，是工业化长期积累的工业知识与诀窍的结晶，是工业化进程不可缺少的伴生物。很多时候，工业软件在我国只是被简单认为具有 IT 软件属性，与其他普通管理软件、消费应用软件一起发展，没有得到应有的重视。

二是软件价值匹配不当。软件作为硬件附属品的观念没有得到根本扭转，导致"重硬轻软"的倾向依然存在，软件作为无形资产，其价值和成本难以估算，且软件复制成本低，系统成本估算和造价标准与方法欠缺，导致软件价值失衡现象突出。在发展制造业时人们往往重视看得见的物理设备，而忽视了先进制造背后看不见的"筋骨"——工业软件，没有认识到工业软件的重要价值。事实上，将工业互联网、智能制造、工业大数据等先进制造概念一层层剥开，其内核就是工业软件！

三是知识产权保护滞后。工业软件的主要用户是企业用户，部分中小型工业企业没有知识产权意识，且由于工业软件与生产过程的紧耦合性，这样带来的安全风险问题可能会使整个工业企业遭受严重的损失。不注重知识产权保护使国内企业不愿意投巨额资金进行工业软件的研发，工业软件企业从此进入凋零的恶性循环。

四是供应链安全的理念不足。工业软件供应链安全面临严重威胁，工业软件供应链安全事件频繁发生，具有威胁对象种类多、极端隐蔽、涉及维度广、攻击成本低回报高、检测困难等特性。我国对供应链安全的认识不足，在不少关键技术节点上受制于人，我们要从源头上自主研发，防止出现"卡脖子"等问题。

2）在历史发展上，工业软件基础薄弱、国外生态挤压，导致我国工业软件自主发展缺乏足够的内在原动力

一是基础薄弱。发达国家在工业软件领域有着较强的先发优势，在欧美等发达国家和地区，工业软件与世界先进工业体系共同发展，拥有全球工业软件领域的核心技术和标准。与之相比，我国工业技术积累不足。基于国产软件的应用开发商、销售商、系统集成等专业化服务商、咨询管理服务商相对较少，产业链生态基础薄弱。

二是国外生态挤压。以生态为核心的产业竞争正从消费领域向工业领域扩展。国外制造业和 IT 业的领导者均在自身已具备优势的基础上，通过并购或研发等方式加速布局工业平台，构建排他、封闭和垄断的生态系统。国产工业软件企业以研发设计、生产控制、信息资源等单环节软件业务为主，贯穿整个制造业过程的生态化部署较少，为用户提供整体解决方案的能力较弱，难以打破"生态效应"壁垒。

三是自主创新不足。国产工业软件企业尚未摆脱"追赶"的被动局面。具体来讲，国产工业软件企业对关键核心技术的自主创新研发投入不够，应通过主动布局对企业关键核心工艺流程、工艺和技术进行软件化封装，提高工艺数据应用的便捷性和工业核心技术输出的安全保障。

3）在软件研制上，高端工业软件开发难度大、研制周期长、投入资金多，导致高端工业软件难以靠企业个体短期行为取得突破

一是对发展的复杂性和长期性认识不足。工业软件是融合信息、制造、管理、服务等多学科技术与知识的复杂系统，不仅技术含量高、研发工程量大、开发时间长、对研发人才素质要求高，而且投入资金多、投资回报时间长、投入风险高。国产软件企业大多数沿袭立足自我、滚动发展等传统封闭作坊式运作模式，主动寻求市场及资本整合与支持的意识欠缺或努力不足；企业经营方式简单、粗放，既没有掌握核心技术，也没有形成与国外软件差异化的服务模式。

二是社会资本投入不足。早些年出现过一些社会资本注入国产软件产业发展的案例，但由于对长期性、复杂性等软件客观发展规律的认识不足等原因，导致投入"耐心"不足或投入收效甚微，这些社会资本纷纷撤出了软件产业。近年来，社会资本更愿意投入类似"短平快"的建设项目，而对类似国产软件这样高技术含量、高风险、高投入、高回报的投资项目敬而远之。近一两年，虽然有资本涌入工业软件领域，但企业需警惕带有"投机"目的的投资商。

三是良性发展环境未形成。虽然国家对工业软件进行过扶持，但对工业软件的战略规划与支持更多体现在科研层面，而国产工业软件研发企业得到的直接支持有限。

3.2　设计仿真软件的现状

设计仿真软件支撑现代复杂工业产品研制，通过全数字化方式在计算机中完成复杂装备产品的全部设计和虚拟试验，最终实现"设计即正确""所见即所得"，是工业软件的"皇冠"。

以 CAD、CAE 为代表的设计仿真软件的集成化、网络化、智能化，逐渐成为实现重大工程和工业产品的计算分析、模拟仿真与优化设计的关键，成为支持工程科学家进行创新研究和工程师进行创新设计的最重要工具和手段。

CAD 和 CAE 的出现是历史上两次重要的数字化设计技术革命。CAD 技术的发展最早可以追溯到 20 世纪 60 年代交互式图形处理技术的出现，1982 年美国 AutoCAD 的推出标志着二维 CAD 的成熟。三维 CAD 从 20 世纪 60 年代开始先后经历了曲面造型、实体造型、参数化技术、变量化技术、直接建模技术等几次技术发展，形成了以 CATIA、Creo（Pro/E）、UG NX、SolidWorks 等为代表的三维 CAD 软件。CAD 技术的诞生和广泛应用，解决了结构、工艺和制造的数字化问题，使产品设计的结构形状"所见即所得"。

CAE 技术和控制、机械、电子等专业设计仿真技术的发展可追溯到 20 世纪 60 年代，在 20 世纪 80、90 年代走向成熟，形成了以 ANSYS、NASTRAN、ABAQUS、HyperWorks 等为代表的有限元 CAE 软件，以及 ADAMS/MOTION/SIMPACK 等动力学仿真软件、MATLAB 控制系统级设计与仿真软件、Synopsys/Cadence/Mentor Graphics 等电子设计仿真软件等专业软件。CAE 技术和专业设计仿真解决了零部件功能性能分析和机电热控等专业功能性能分析数字化问题，使产品设计的功能和性能"所见即所得"。

3.2.1 CAD 发展现状

CAD 是计算机科学技术发展和应用中的一门重要技术。利用计算机快速的数值计算和强大的图文处理功能来辅助工程师、设计师、建筑师等工程技术人员进行产品设计、工程绘图和数据管理。CAD 对提高设计质量，加快设计速度，节省人力与时间，提高设计工作的自动化程度具有十分重要的意义。它已成为工厂、企业和科研部门提高技术创新能力，加快产品开发速度，促进自身快速发展的一项关键技术。

1. CAD 国内外现状

经过几十年的发展，三维 CAD 国际市场越来越成熟。目前，国际三维 CAD 产业已经形成了一个相互依存的产业环境，以及由市场用户、软件企业、资本、技术等主要元素组成的生态链。

国际三维 CAD 产业中的大企业向产品生命周期集成方向发展，为客户提供尽可能完整的产品设计解决方案。这些大企业通过并购或自主研发的方式迅速提高自己产品的竞争力，丰富自己产品的种类，力求在三维 CAD 市场中占有更大的份额。与之相对，国际三维 CAD 中小企业走的是小而专的路线。这些中小企业通过生产三维 CAD 组件或生产面向中小企业的三维 CAD 专业软件的方式来取得自己在这个竞争激烈的市场中的一席之地。而这些中小企业的软件产品也可能被大企业列入自己产品的功能模块或整体解决方案中。通过不断兼并与收购等企业行为，目前国际三维

CAD 市场上已经形成了达索系统、西门子、PTC、欧特克四大派系。其中，美国欧特克的 AutoCAD 居于二维 CAD 的主导地位，美国 PTC 的 Creo 和法国达索系统的 SolidWorks 是领先的中端三维 CAD，法国达索系统的 CATIA 和德国西门子的 NX 是领先的高端三维 CAD。国外软件企业由于研究三维 CAD 技术的时间比较长，因此不仅技术实力雄厚，而且握有"标准"和"用户黏性"两大优势。

在中低端领域，AutoCAD 早在 20 世纪 80 年代便进入我国市场，凭借出色的通用性，在平面制图领域占据 90%以上的市场。Solidworks 作为实体设计软件先驱，其出色的易用性快速赢得了初级用户的青睐，而有限元分析功能更为抢眼，已经受到高端用户的关注。

Pro/E、NX 作为中高端三维 CAD 领域的主力军，早已入驻高校校园及设计院。Pro/E 较 NX 适用范围更广，NX 在航空、航天、汽车等领域的专业性更强。在高端领域，CATIA 因其优异的曲面造型能力普遍用于航空、航天领域。由于起步早，这些软件企业在国际市场上已经积累了大量的行业营销经验，可以提供很完善的配套服务。

但这些企业的软件产品往往价格高昂，而且某些高端功能，如复杂曲线、曲面建模等，对于一般的中小型制造业企业并不适用。另外，由于某些原因，国外三维 CAD 软件部分模块技术禁止对中国出口，而对安全/保密有严格要求的企业也并不适合使用国外三维 CAD 软件。

国产三维 CAD 软件的实力与国外三维 CAD 软件有一定的差距。国产三维 CAD 软件具有混合建模、参数化设计、特征造型等功能，支持主流 CAD 数据转换，提供零部件库的构建，但在百万级零部件处理方面效能较低。在焊件设计功能方面，国产三维 CAD 能满足企业常用的结构构件设计需求，主要应用于机械、模具、零部件制造业等中低端领域。

总体而言，国产三维 CAD 软件任重道远，这不仅涉及生产制造领域，而且关系到国家的生存命脉。尤其是注重行业应用的三维 CAD 领域，企业更应在软件使用的人性化、核心技术的创新研发，以及适应三维 CAD 技术发展方面做更多的工作。

2. CAD 发展趋势

计算机技术快速发展，为工程技术的革新开辟了新的途径。随着 CAD、CAE、CAM 等 CAX 技术在工程中的深入应用，设计观念、设计方法、组织形式全面创新，实现了工程产品设计的现代化。

三维 CAD 技术的发展目标是更好地帮助用户完成设计工作，提高产品开发的创新能力，缩短设计周期，降低成本，提升企业竞争力。三维 CAD 技术目前在企业中得到了广泛的应用，并成为现实的生产力。三维 CAD 技术的广泛应用已经引发了一场工程技术革命，同时其自身也得到了长足的发展。

信息技术的快速发展及各企业产品创新能力的提高，使三维 CAD 技术朝着开放化、标准化、参数化、集成化、智能化、专业化和云化的方向发展。

（1）开放化是指目前的三维 CAD 系统广泛运行于 Windows、Linux 等开放式操作系统之上，同时为最终用户提供二次开发环境，使用户可以定制自己的三维 CAD 系统。

（2）标准化是指三维 CAD 系统逐步达到 ISO 标准及其他工业标准的要求，并支持标准化构件和标准化方法。例如，发展产品数据转换标准 STEP 的转换接口，建立符合 STEP 标准的全局产品数据模型；建立标准件库，替代现行的各种形式的标准手册，促进企业掌握标准，减少重复劳动。

（3）参数化是指通过参数、变量来约束设计对象，使造型结构的设计能够更精确、更完善地表达，有效减少设计工作量，极大地提高工作效率。

（4）集成化包括三维 CAD 与 CAE、CAM、CAO、PDM、ERP 等数字化产品设计软件集成，以及与专用芯片集成，进一步发展为支持产品开发的全周期的集成化系统。也就是说，集成化是指把计划、构思、设计、仿真、制造、组装、测试及文档生成等各个环节集成到一个统一的 CAD 系统中，实现资源的共享和信息的集成，以提高三维 CAD 系统效率，以及基于网络计算环境实现异地、异构系统在企业间的集成。

（5）智能化是指将现有的智能技术与三维 CAD 技术相结合，利用人工智能的优化求解扩展三维 CAD 的资源调度，改进三维 CAD 问题的求解策略；利用人工智能的感知技术加强人机交互能力；将人工智能库系统引入三维 CAD 系统，使计算机在三维 CAD 系统中进一步发挥"专家顾问"的作用；通过信息技术模拟人的思维方式，极大地提高三维 CAD 系统的效率。

（6）专业化是指按照国际标准规范，通过数据库技术构建智能零部件库、设计规则库，将用户自定义企标件和通用件保存到数据库，实现零部件的可复用性。

（7）云化是指将 CAD 的信息、编码、标准零部件等统一存储在云端管理和调用，用户可通过网络共享其中的数据。实现云存储、多终端、在线协同设计，利用数据库技术、并行渲染技术有望实现大规模装配的创建和编辑。云化将对 CAD 产生深远的影响，有助于提高和改善设计的工作效率与质量，充分体现"群众"的作用。这使提高生产力、实现协同工作成为可能，进而使设计人员不受地理位置的限制就能进行方案讨论和产品设计。

3.2.2　CAE 发展现状

CAE 是用计算机辅助求解复杂工程和产品结构强度、刚度、屈曲稳定性、动力响应、热传导、三维多体接触、弹塑性等力学性能的分析计算，以及结构性能的优化设计等问题的一种近似数值分析方法。CAE 可以帮助科学家揭示用物质实验手段尚不能揭示或很难揭示的科学奥秘和科学规律；同时，它将科学家的研究成果做成软件组件和数据库，加入 CAE 软件中，构成推动工程和产品创新的最新生产力。

CAE 软件是集合了计算力学、计算数学等相关工程科学与现代计算机技术而形成的，实现对工程和产品进行计算分析、模拟仿真，对设计方案和制造工艺进行优化的工程软件，是支持工程师进行创新设计的最重要的工具和手段，也是科学家进行科学和技术研究的三大手段之一。

CAE 仿真技术作为工业设计、生产和制造中必不可少的环节，已经被世界上众多企业应用到各个工业领域中。随着智能制造、"工业 4.0"和工业互联网等新一轮工业革命的兴起，新技术与传统制造业的结合催生了大量新型应用，CAE 软件也开始结合大数据、虚拟现实、大规模仿真计算等先进技术，在工业产品的设计、生产、制造、服务管理及维护反馈等各环节中发挥更加重要的作用。

从产品门类看，CAE 软件可以分为专用 CAE 软件和通用 CAE 软件。专用 CAE 软件通常指针对特定类型的工程或产品所开发的用于产品性能分析、预测和优化的软件。通用 CAE 软件通常指对多种类型的工程和产品的物理、力学性能进行分析、模拟和预测、评价和优化，以实现产品技术创新的软件。

从产业格局看，美国、德国、法国在 CAE 软件领域处于主导地位，引领着 CAE 软件技术和产业发展方向。其中，主流 CAE 软件企业包括美国的 ANSYS、Altair、PTC、ESI 集团等。

从市场规模看，2018 年全球 CAE 软件市场的规模为 65.75 亿美元，ANSYS、西门子、达索系统、ESI 集团等企业处于垄断地位，占全球市场的 95%以上；国内市场规模约为 6 亿美元，国产 CAE 软件在国内市场的占比不足 5%。

从政策动向看，美国、欧盟分别实施国家先进制造战略计划和信息技术领先计划，将 CAE 软件作为关乎国家利益的关键，采取政策引导、专项推动、采购支持等多种方式发展 CAE 软件，并形成了系列标准、知识库和工具。

从发展态势看，随着工业互联网的快速发展，工业软件技术架构发生了深刻的变化，由单机模式向网络化模式演进。CAE 软件企业云化意识逐渐增强，培育新一代云化软件产品，推出平台化解决方案，在工业互联网、工业大数据、工业智能等新兴领域蓄势突破。

1．CAE 国内外现状

从 20 世纪 60 年代初在工程上开始应用到今天，国外 CAE 经历了 60 多年的发展，包括如下几个阶段。

萌芽期（20 世纪 60 年代—20 世纪 70 年代）：本阶段的软件研发主要

由国家支持或国有实验室发起，如 NASTRAN（NASA，1969 年）和 ANSYS（SASI，1970 年）。在这个阶段，航空航天领域的大型实验室出于工作需求，研发自用 CAE 软件。

发展期（20 世纪 70 年代—20 世纪 90 年代中期）：本阶段主要以软件技术提升与功能拓展为主。MARC、ADINA、ADAMS、ABAQUS、DYNA、LS-DYNA、DYTRAN 等软件都是在此阶段发展起来的。20 世纪 90 年代中期形成了包含众多单元类型、材料模型及分析功能丰富的软件产品，并且经过了大量工程应用考核和专业机构认证，大型通用商业软件的发展达到顶峰。也正是在这个阶段，国外 CAE 软件开始大举进入我国市场。

壮大期（20 世纪 90 年代中期—21 世纪 00 年代中期）：这一时期主要以拓展市场为主、以功能提升为辅。CAE 软件企业间开始进行行业细分，产生诸多行业专用软件，如 ProCAST、FLOW-3D、Star-CD、MOLDFLOW、Truegrid 等。虽然有限元理论与算法都日臻成熟，但是数值计算方法和理论并没有新的突破，一些关键的 CAE 软件技术难点也没有太大进步，如 ANSYS 软件最后还是通过并购才解决了热力耦合问题的分析求解。值得一提的是，此时国外商业 CAE 软件在功能上已基本满足现有工业设计的需求。这一时期求解器技术上的发展并不十分突出，国外 CAE 软件的发展基本上处于巩固完善和拓展市场阶段。

成熟期（21 世纪 00 年代中期至今）：各大 CAE 企业忙于并购与重组，重新整合市场，在技术上以通过并购实现横向扩展为主，纵向提升缓慢，技术能力处于平台期，软件的发展由核心技术发展转向概念创新发展。CAE 市场进入了密集并购阶段。近 20 年来，仅 ANSYS、MSC、达索系统、ESI 集团和西门子这五家企业就并购了 100 多家软件企业，其中 30 多起并购事件发生在最近 3 年内，并且 MSC 本身也被海克斯康并购，可以说 CAE 近十多年来的发展主线就是通过不断的并购逐步成熟。

小结：国外 CAE 软件经历了几十年的发展，前期国家投入大量资金；中期采取企业经营的模式；后期逐渐转变为商业化运作，并购、上市等资本经营方式的采用促成了国外 CAE 软件的蓬勃发展。

国际 CAE 市场的领先企业主要有：美国的 Altair、ANSYS、MSC（被海克斯康并购）、MathWorks，德国的 CD-adapco、Mentor Graphics、西门子，法国的达索系统、Exa、ESI 集团，其他有 COMSOL 集团、Cybernet、IDAJ、Livermore 等。这些企业的 CAE 软件处于垄断地位，占据市场的 95%以上。

这些国外软件产品市场领先的原因有以下几点。

一是工业知识积累深厚。这些 CAE 软件诞生的背后均有领先的工业企业或部门支持，与工业应用场景结合紧密，可满足复杂多变的工业实际业务与特定场景需求，如 NASTRAN 等来源于 NASA，达索软件则有波音、欧洲汽车工业的支持。

二是软件生态体系完整。这些 CAE 软件具有一个极大优势，就是形成了一个完整的"生态圈"：上游与设计、下游与优化实现了互联互通，CAE 内部前后处理、求解器也有良好的整合。

三是产业链发展完善。这些 CAE 软件的开发商、销售商、系统集成等专业化服务商、咨询管理服务商已形成体系，对我国实行掠夺性的市场占领策略，同时掠夺大量相关人才。

国外 CAE 软件普遍具有产品通用性好、功能完备、技术相对成熟、集成 CAD 模块、行业应用深入的特点。近年来，多数国外 CAE 软件都由原本的单场分析逐渐向多场耦合分析转变，以满足各工业领域愈发复杂的多场耦合仿真与设计需求。国外 CAE 软件已成为工程和产品设计中必不可少的分析工具，被广泛应用于航空、航天、汽车、机械、电子、土木结构等工业领域，其软件可靠性和仿真精度已在大量的工程实践中得以验证。

国外主流 CAE 软件简介如表 3-1 所示。

表 3-1　国外主流 CAE 软件简介

产品分类	产品名称	产 品 简 介	公司名称	国家
结构分析	ANSYS Mechanical	ANSYS Mechanical 软件为结构线性分析或非线性分析及动力学分析提供了全面的产品解决方案。 　该软件为许多工程问题提供了一整套适应面宽的单元库、材料模型和求解器。另外，ANSYS Mechanical 软件具有热分析能力，具备耦合场分析功能，涉及声学分析、压电分析、热/结构耦合分析和热/电耦合分析	ANSYS	美国
	NASTRAN	NASTRAN 是一个多学科结构分析应用程序，可用在线性和非线性领域进行静态、动态和热分析，并辅以自动化的结构优化和获奖的嵌入式疲劳分析技术，所有这些都是由高性能计算实现的	MSC	美国
	ABAQUS	ABAQUS 被公认为功能非常强大的有限元软件，可以分析复杂的结构力学系统，特别是能够"驾驭"非常庞大复杂的问题和模拟高度非线性问题。 　ABAQUS 不但可以做单一零件的力学和多物理场的分析，做系统级的分析和研究，而且可以模拟工程领域的许多问题，如热传导分析、质量扩散分析、热电耦合分析、声学分析、岩土力学分析（流体渗透/应力耦合分析）及压电介质分析	达索系统	法国
	HyperWorks	HyperWorks 是一个杰出的企业级 CAE 仿真平台解决方案，它整合了一系列一流的工具，包括建模、分析、优化、可视化、流程自动化、作业提交和数据管理系统。作为平台技术，HyperWorks 始终遵循开放系统理念的承诺，在其平台基础上为用户提供最为广泛的商用 CAD 和 CAE 软件交互接口	Altair	美国

续表

产品分类	产品名称	产 品 简 介	公司名称	国家
结构分析	LS-DYNA	LS-DYNA 是功能齐全的几何非线性（大位移、大转动和大应变）、材料非线性（140 多种材料动态模型）和接触非线性（50 多种）程序。 它以拉格朗日插值算法为主，兼有 ALE 和 Euler 算法；以显式求解为主，兼有隐式求解功能；以结构分析为主，兼有热分析、流体-结构耦合功能；以非线性动力分析为主，兼有静力分析功能（如动力分析前的预应力计算和薄板冲压成型后的回弹计算）	LSTC	美国
流体分析	STAR-CCM+	STAR-CCM+是 CD-adapco 公司采用最先进的连续介质力学数值技术开发的新一代 CFD（Computational Fluid Dynamics，计算流体力学）求解器。 它搭载了 CD-adapco 独创的最新网格生成技术，可以完成复杂形状数据输入、表面准备，如包面（保持形状、简化几何、自动补洞、防止部件接触、检查泄漏等功能）、表面网格重构、自动体网格生成（包括多面体网格、六面体核心网格、十二面体核心网格、四面体网格）等生成网格所需的一系列作业	CD-adapco	美国
	CFX	CFX 是一种实用流体工程分析工具，用于模拟流体流动、传热、多相流、化学反应、燃烧问题。 其优势在于处理流动物理现象简单而几何形状复杂的问题；适用于直角/柱面/旋转坐标系、稳态/非稳态流动、瞬态/滑移网格、不可压缩/弱可压缩/可压缩流体、浮力流、多相流、非牛顿流体、化学反应、燃烧、NO_x 生成、辐射、多孔介质及混合传热过程	ANSYS	美国
	FLUENT	FLUENT 是目前国际上比较流行的商用 CFD 软件包，在美国的市场占有率约为 60%，可用于跟流体、热传递及化学反应等有关的工业领域。 它具有丰富的物理模型、先进的数值方法，以及强大的前后处理功能，在航空航天、汽车设计、石油天然气、涡轮机设计等方面有着广泛的应用。它在石油天然气工业上的应用包括燃烧、井下分析、喷射控制、环境分析、油气消散/聚积、多相流、管道流动等	ANSYS	美国

续表

产品分类	产品名称	产 品 简 介	公司名称	国家
流体分析	PHOENICS	PHOENICS 是模拟传热、流动、反应、燃烧过程的通用 CFD 软件。 网格系统包括直角、圆柱、曲面、多重网格、精密网格；可以对三维稳态或非稳态的可压缩流或不可压缩流进行模拟，包括非牛顿流、多孔介质中的流动，并且受黏度、密度、温度变化的影响	CHAM（2023 年被中望并购）	英国
	FINE/Turbo	FINE/Turbo 为 NUMECA 软件中的一个旋转机械流体分析模块，可用于任何可压或不可压、定常或非定常、二维或三维的黏性或无黏性内部流动的数值模拟	NUMECA	比利时
电磁分析	HFSS	HFSS 是一款三维电磁仿真软件，已被 ANSYS 并购；是世界上第一个商业化的三维结构电磁场仿真软件，业界公认的三维电磁场设计和分析的工业标准。 HFSS 提供了简洁直观的用户设计界面、精确自适应的场解器，拥有空前电性能分析能力的功能强大的后处理器，能计算任意形状三维无源结构的 S 参数和全波电磁场。HFSS 拥有强大的天线设计功能，它可以计算天线参量，如增益、方向性、远场方向图剖面、远场 3D 图和 3dB 带宽；绘制极化特性，包括球形场分量、圆极化场分量、Ludwig 第三定义场分量和轴比	ANSYS	美国
	FEKO	FEKO 软件是 EMSS 公司旗下的一款强大的三维全波电磁仿真软件。FEKO 是世界上第一个把矩量法推向市场的商业软件。 FEKO 支持有限元方法（FEM），并且将 MLFMM 与 FEM 混合求解，MLFMM+FEM 混合算法可求解含高度非均匀介质电大尺寸问题	EMSS	南非
	JMAG	JMAG 为 JSOL 公司开发的电磁场分析软件。JMAG 使用的技术能够准确地建立与电磁场相关的复杂模型的结构，拥有庞大的各类材料数据库，由于完善的各类网格剖分工具，具备电磁、温度和结构求解器，可以得到相当精确的分析结果	JSOL 公司	日本
	ANSYS Maxwell	ANSYS Maxwell 是一款高性能的低频电磁场模拟软件，使用高度精确的有限元方法来解算静态、频域和时变电磁场和电场。ANSYS Maxwell 为电磁和机电设备提供了完整的设计流程	ANSYS	美国

我国有限元软件开发起步并不晚，基本上从 20 世纪 70 年代就开始专有程序的研制。近几十年来，我国在 CAE 理论研究和软件自主开发方面的努力始终没有停止过，也有一些拥有自主知识产权的软件系统脱颖而出，但后来在国外产品的挤压下逐渐凋零。

国产 CAE 软件经历了三个发展阶段。

技术发展期（1970 年—1995 年）：国内高等院校自主 CAE 软件研发百花齐放。早在 20 世纪 50 年代，著名计算数学家冯康先生就提出了有限元法的基本思想。20 世纪 70 年代中期，大连理工大学研发出了 DDJ 和 JIGFEX 有限元分析软件，北京农业大学李明瑞教授研发了 FEM 软件。20 世纪 80 年代中期，北京大学袁明武教授基于国外 SAP 软件研发出了 SAP-84。20 世纪 90 年代中期，中国科学院梁国平研究员研发出 FEPG 软件。这些软件属于专家科研工具，非一般工程师所能掌握。在这一阶段，国内有些行业的数值计算程序在某些方面甚至超过了国外商用软件的水平。

沉寂期（1996 年—2006 年）：国产 CAE 软件发展速度放缓。科研成果停留在实验室阶段，没有有效的推广和商业化运作，没有一款成型的商业化软件，体制外的 CAE 从业人员主要从事国外商业 CAE 软件的销售、培训、咨询、二次开发等工作，几乎没有人从事 CAE 软件开发工作。我国工业设计和生产企业花费了大量资金引进国外 CAE 软件。

商业化萌芽期（2006 年至今）：国外商业 CAE 软件经过十多年在我国市场的开拓，基本上占领了我国绝大部分 CAE 市场，涉及各个行业。随着我国自主创新需求的不断加大，国外软件由于其封装已经很完整，不能针对我国的创新需求进行定制和改变，因此，我国定制化软件渐渐有了一定的市场，自主商业 CAE 研发企业逐步发展。

最近十多年来，国外 CAE 企业进入前所未有的大整合时期，主要表现在横向扩展上，在技术深度上发展缓慢。这是我国自主 CAE 软件发展千载难逢的机会，抓住这次机会定会缩短与国外 CAE 企业的差距甚至实现超越。

我国大多数自主 CAE 软件的研发企业就是在这一阶段创立和发展起来的。这批企业正在成为国产自主可控 CAE 软件领域的领军企业，并有望追赶上国外先进 CAE 软件水平。

2. CAE 发展趋势

伴随着计算速度的迅速提升、计算成本的快速下降、移动互联网的普及、工业物联网的广泛应用，以及新材料（如复合材料）、新工艺（如增材制造）的发展，人工智能技术的应用，国内 CAE 软件技术领域也不断有新突破。特别是近年来，新兴的国产 CAE 软件无论是技术发展还是架构模式都呈现出新的特点：一是单机型 CAE 软件开始走到线上，步入云端；二是 CAE 软件的工具属性被平台属性取代，CAE 软件平台成为主流；三是"仿真平台+仿真 App"的模式出现，助力 CAE 软件的生态发展。

1）借力云计算技术打造云端在线 CAE 仿真产品

云计算是一种全新的网络应用概念，云计算的核心概念就是以互联网为中心，在网站上提供快速且安全的云计算服务与数据存储服务，让每一个使用互联网的人都可以使用网络上的庞大计算资源与数据中心。云计算与仿真技术结合催生了在线仿真技术的兴起：一方面，在线仿真技术可以帮助用户借助云计算所具有的高性能计算能力和所聚合的超大计算资源，为设计仿真提供较高算力，缩短仿真研发时间；另一方面，云端的在线协同和资源整合可以帮助用户设计出性能更优、材料更省的产品，提高企业研发品质和研发效率。同时，按需订阅的模式也降低了用户的软硬件使用成本，使企业在同类产品竞争中脱颖而出。近几年，国产 CAE 企业开始布局在线 CAE 产品，并推出在线仿真服务。

2）CAE 软件平台逐渐替代单一工具属性 CAE 软件

CAE 软件平台逐渐替代单一工具属性 CAE 软件是国内外 CAE 企业做出的共同选择，而我国 CAE 软件平台的发展呈现出自己的特点。

一是 CAE 软件向纵向集成。纵向集成既包括专注于前处理、网格划分、求解及后处理的 CAE 软件相互集成为提供全流程的 CAE 仿真分析的平台，也包括实现结构分析、流体动力学、电磁仿真及多物理场分析的 CAE 软件平台。相应的 CAE 软件平台有北京云道智造的 Simdroid、西安前沿动力的 ADI.SimWork 等。

二是 CAE 软件向横向集成，即与 CAD 软件相互集成，向设计仿真一体化平台方向发展。相应的 CAE 软件平台有北京数码大方的 CAXA、广州中望的电磁仿真 CAE 软件。

三是向产业端集成，即 CAE 软件平台不仅可以提供传统的仿真分析服务，还可以延伸为工业互联网平台，为传统制造业的数字化转型提供服务。

3）"仿真平台+仿真 App"助力普惠仿真

"仿真平台+仿真 App"主要指通过构建开源的仿真平台，并基于仿真平台开发大量解决特定仿真问题的仿真 App 来解决仿真技术"难学、难用、难推广"的行业痼疾。采用"仿真平台+仿真 App"的模式能够将专家经验、行业知识和仿真流程固化为仿真 App，可供无任何仿真经验的产品设计工程师直接使用，这样就大幅降低了仿真技术的应用门槛。另外，这种模式的仿真平台提供了图形交互式仿真开发环境，仿真 App 开发工程师通过简单的鼠标拖曳即可便捷开发仿真 App，实现了仿真技术的定制化、轻量化和自动化，大幅降低了仿真 App 的开发门槛；同时，借助仿真平台的开源理念，构建仿真 App 从开发、加密、上传、交易、下载到应用的生态闭环，进而解决了仿真技术"难学、难用、难推广"的行业痼疾，推动了仿真技术的普惠发展。

3. CAE 发展要求

1）建立通用化软件平台及核心功能

CAE 自主研发企业应与 CAE 技术的研发机构（高校和科研院所等）保持充分的沟通与合作，将科研成果真正地转化成生产力。自主品牌 CAE 软件的发展核心在于通用化平台的建立，以及完善软件的核心功能。企业之间通过项目合作和国家科技立项的形式联合攻关，打造出自主核心的通用化平台。

2）丰富与完善工程数据库

更多部件模型、行业材料、设计方案和标准规范信息被纳入 CAE 软件数据库，以提供多物理场仿真数据管理、开放的数据交换、试验和第三方工程数据的集成等。

3）发展行业专用软件

目前国外向中国销售的软件基本都是通用软件，行业专用软件较少。通用软件的特点是功能全，使用技术门槛高，不利于企业大规模推广使用。因此，积极发展行业专用软件，是国产软件更好地服务于本土企业，深耕行业客户并且在短期内赶超国外产品的重点方向。

4）提高跨学科问题的仿真能力

目前国外软件对于单一物理场问题，如单纯的结构分析、流体分析、电磁场分析、噪声分析等，技术已经比较成熟，但对于涉及多物理场耦合的复杂工程问题，分析能力尚存在较大的不足。国外软件往往存在收敛性差、计算效率低、软件操作复杂等问题，不适合国内企业大规模推广使用。因此，为了满足国内创新需求的复杂工程问题，发展多物理场耦合分析技术是补充与完善国外软件的不足，并更好地服务本土高端装备创新设计的关键发展方向。

5）建立 CAD/CAE/CAM/CAPP/ERP 一体化平台

建模是 CAE 工作中工作量最大的部分，通过在 CAD 与 CAE 之间共享几何模型，可以最大限度地降低重复工作量。CAD/CAE/CAM/CAPP/ERP 一体化集成，即实现 CAE 与 CAD/CAM/CAPP/ERP 等各单元信息的集成，主要通过依靠相同平台的软件、开发一定的数据转换接口程序、基于数据库的信息处理等方式实现。目前，CAE 软件正从数据集成向过程集成方向发展，从而更好地解决数据兼容、传输效率、几何缺陷等问题。

6）融合设计规范和行业标准

融合设计规范和行业标准，即在软件研发设计过程中，将不同行业的设计规范和标准，以及用户的使用习惯融合到软件中，集成行业设计规范和行业标准，以及用户多年的技术路线的积累。另外，在行业专用软件的研发设计过程中考虑集成不同行业的使用习惯，可以充分照顾不同行业分析人员的技术传承，极大地提高用户在使用过程中的体验感，有助于软件在同行业内复制推广。

7）CAE 技术和虚拟现实技术相结合

将虚拟现实技术应用于 CAE 仿真，将仿真结果作为虚拟现实构件的基础数据，提升虚拟现实的真实性，使工程设计者得到逼真仿真体验，可以大幅提高设计人员的工作效率，因此，在国产 CAE 软件的技术发展过程中，有必要考虑与三维虚拟现实技术进行一定程度的融合。

8）发展国外尚不成熟的技术及国外对国内禁用的技术

在有些技术领域，国外商用软件存在尚不成熟的分析技术，或者某些分析技术现已成熟，但对国内是禁用的。例如，针对高马赫流动分析技术、三维水下爆炸分析技术、高速冲击和穿甲分析技术、核爆场景仿真、复杂的多物理场耦合分析技术等。因此，自主 CAE 软件企业应该集中力量进行攻关，力求在技术上和市场占有率上占据领先优势，打造 CAE 产品的技术竞争力。

3.2.3　系统级设计仿真

现有以三维 CAD、有限元 CAE 及单学科建模分析为主的设计仿真软件强于详细设计，弱于概念设计和系统设计，而后者对于产品创新设计至关重要。现代复杂装备如飞机、汽车、航天器等通常是机、电、液、控、热等多领域耦合的系统，局部最优并不等于整体最优，复杂装备研制迫切需要支持产品正向设计、解决设计复杂性的系统级设计仿真的工具和手段。Modelica 等标准和技术正是在此背景下诞生的，开启了以系统设计与仿真为内容的新一代数字化革命。国际传统 CAD、CAE、自动化等工业软件巨头如达索系统、西门子等纷纷收购系统建模及软件自动化技术，着力打造设计仿真分析优化及软件自动生成一体化技术体系，以此构筑新的技术壁垒。

从复杂装备产品研制流程来讲，系统级设计与仿真软件和 CAD、CAE 软件是上下游关系。产品研制一般先使用系统级设计和仿真软件进行产品系统和子系统的架构设计和功能逻辑仿真，然后使用专业软件进行专业设计和功能性能仿真分析。CAD 和 CAE 是侧重于详细设计的专业软件，提供了比系统模型更加细致的模型细节。系统级设计用于确定系统和子系统的结构模块、模块之间的接口及模块运行时序关系。系统仿真主要指系统功能和逻辑仿真。专业设计中的机械结构设计采用三维 CAD 软件，机械运动动力特性分析采用运动学和动力学仿真软件，机械结构强度分析采用结构 CAE 软件；控制器设计一般先采用 MATLAB 进行控制原理设计和仿真，再采用 EDA 软件进行控制器逻辑电路设计和仿真。电气、液压等采用相应的专业软件设计仿真，如果涉及流场、热场、电磁场等场分析则需要使用相应的 CAE 软件。

从产品研制数字化体系来讲，系统级设计与仿真软件和 CAD、CAE 软件是总体集成和接口调用关系。系统级设计与仿真软件完成系统级和子系统级的架构设计和闭环仿真验证之后，其生成的单机技术要求和模型约束是 CAD 和 CAE 建模的输入条件；系统设计和仿真软件已经确定系统的架构及其组成的动态关系，可以驱动 CAD 模型更好地进行可视性动态仿真和虚拟试验；结构、流体、电磁等有限元 CAE 仿真可以在系统仿真模型基础上提供更加精细的性能细节，CAE 仿真结果可以通过降阶或数据模型近似的方式反馈给系统模型进行细化。以 CAD 模型、CAE 模型及其他专业仿真模型为内容，系统级设计与仿真技术提供了对这些模型进行总体集成的范式和手段，是打通数字化研发技术体系的枢纽。

从 ANSYS、西门子、达索系统这三个工业软件巨头的成长历程可以看出，打造全流程、全领域数字化设计与仿真能力，实现工业设计仿真与嵌入式开发融合，通过基于模型的系统工程进行系统级整合，以及发展大数据与云计算是其共同趋势。

3.2.4　设计仿真软件的关键技术

设计仿真软件的关键技术和突破难点主要包括如下几点。

1.　复杂工业软件系统架构技术

CAD、CAE、系统设计仿真等复杂工业软件通常是几百万乃至几千万行代码、覆盖各种工业场景、长时间连续运行的复杂工程系统，其架构犹如高层建筑框架，直接决定了系统稳定性、可靠性、适用性和可维护性，通常需要若干具备综合软件、工业业务、计算数学等知识且经验丰富的架构师团队来完成构建和迭代改进。

2.　底层计算求解引擎技术

CAD 的三维造型引擎、约束求解引擎，CAE 的前后处理引擎、有限元计算引擎等属于工业软件共有的底层计算求解引擎技术。底层引擎类似于汽车、飞机的发动机，直接决定工业软件计算求解性能，需要先把各行业领域设计与仿真问题化为数学问题，然后通过数字计算的方式解决，这需要深厚的专业知识积累、数学知识积累和软件知识积累。

3.　工业技术软件化技术

工业软件最终把工业知识、工业业务流程通过软件来实现，以支撑高效研发。其核心是把工业知识转化为尽可能统一的知识模型库和数据库，把不同行业的业务流程转化为可配置、自动化的软件执行过程。工业技术软件化决定了只有深厚的工业积累才能支撑开发先进的工业软件。

4. 大型复杂工程问题处理技术

像汽车、卫星、飞机、船舶等复杂装备数字化研制，在研制后期随着设备逐步集成会导致设计模型、仿真模型规模庞大，设计仿真计算量巨大，如有限元仿真要有几千万、几亿个方程数值计算，系统仿真要有几百万个混合方程计算，而且各种工程场景会非常复杂。这种大规模系统、复杂流程场景导致的大型复杂工程问题的处理能力直接决定了工业软件的可用性，也是实验室程序和商业化工业软件的根本差别。

5. 多物理场耦合仿真分析技术

多物理场耦合仿真分析是指考虑了两个或多个物理场之间相互作用的分析。多物理场耦合计算是建立在离散化数学求解方法之上的，因而复杂的大规模多场求解必须依托于计算结构力学程序、计算流体力学程序，以及其他数值分析程序。其关键技术包括多场耦合求解算法、瞬态问题的时间积分技术、因多场耦合引入的单场求解技术、超大规模并行求解技术、仿真结果验证和检验技术等。

6. 信息物理系统软硬一体化技术

目前的工业系统如汽车、卫星、飞机等普遍是机械、能源、电子、信息等信息物理系统，其设计仿真要综合考虑机械、能源等物理子系统和电子、信息等信息子系统，实现物理子系统软件化和信息子系统硬件化的一体化设计仿真。该技术的另一种表述是数字孪生技术。

7. 全系统、全领域、全生命周期一体化工业软件平台技术

目前，国内外航空、航天等重点行业单领域或单部件的数字化研发

技术及应用已经成熟（国内主要使用国外软件），如何从部件、子系统设计仿真走向系统级设计仿真，如何从机、电、液、控等单领域设计仿真走向多领域统一设计仿真，如何从设计、制造、试验、运维等单一阶段仿真走向全生命周期一体化设计仿真，形成全系统、全领域、全生命周期一体化工业软件平台，这是以系统工程为主要特征的新一代数字化革命的核心技术。

8. 基于模型的全系统统一设计、统一仿真及代码自动生成技术

以系统工程、信息物理系统为主要特征的新一代数字化革命，催生了既兼容传统的工业软件，又不同于传统的工业软件的新模式、新方法与新技术，以数字化模型为基础，以统一框架、统一模型、统一设计、统一仿真、系统优化、嵌入式软件自动生成和统一的工业知识模型库为目标，即基于模型的全系统统一设计、统一仿真及代码自动生成技术将是新兴工业软件的重要方向，其他国家在此方面也处于初步发展阶段。

9. 面向工业互联网的工业 App 创建、运行、联合及生态技术

工业互联网是全球新一轮产业竞争的制高点，工业 App 的本质是工业知识的软件化，工业互联网与工业 App 为工业知识软件化提供了渠道。这是我国工业软件利用互联网优势与新一轮产业机遇换道超车的一个历史机遇。

10. 机理模型、大数据、人工智能融合的新兴工业软件技术

德国西门子于 2015 年推出工业云服务平台 MindSphere，法国 ESI 集团于 2015 年并购大数据公司 MineSet，国际大公司布局大数据和人工智

能，将机理模型与大数据相结合，以人工智能为驱动，是新一轮工业革命的重点方向。

3.3　CAD、CAE 国内外水平对比

设计仿真工业软件是诸多门类工业软件的"皇冠"，也是我国与其他国家差距最大的工业软件门类，在产品研制乃至现代工业中占据核心地位，是我国工业数字化转型的短板所在。CAD、CAE 是主要的设计仿真软件，下面分别对二者国内外水平进行对比。

3.3.1　CAD 国内外水平对比

国外软件企业研制三维 CAD 技术时间长，技术实力雄厚，生态掌控力强。大企业通过并购或自主研发的方式迅速提高自己产品的竞争力，丰富自己产品的种类。这些企业在国际市场上已经积累了大量的行销经验，可以提供很完善的配套服务。

我国三维 CAD 技术研发起步晚，虽然在技术及应用方面已取得较大进展，但与发达国家相比差距仍很大，尤其软件性能和稳定性方面远达不到国外先进水平。从品牌结构上看，目前我国高端三维 CAD 软件市场几乎被国外知名品牌所垄断。三维 CAD 软件的科技攻关成果距实用化、集成化和商品化尚有距离。

国内外三维 CAD 核心要素对比如表 3-2 所示。

表 3-2　国内外三维 CAD 核心要素对比

对比项	国　外			国　内
	CATIA	NX	SolidWorks	
三维建模内核	CGM	Parasolid	Parasolid	Overdrive、DGM
建模精度/m	10^{-5}	10^{-5}	10^{-5}	部分企业可以到 10^{-5}
模型尺寸幅度	10^{+9}	10^{+9}	10^{+9}	部分企业可以达到 10^{+9}
二维/三维约束求解	CDS 约束求解	DCM 约束求解	DCM 约束求解	DCM、DCS、ZCS 约束求解
复杂曲面精度	自由曲面建模能力非常强，全面支持二阶连续及以上	自由曲面建模能力良好，多个曲面和复杂曲面支持一阶、二阶连续	自由曲面建模能力良好，多个曲面支持一阶、二阶连续，部分复杂曲面可支持二阶连续	自由曲面建模能力基本良好，多个曲面支持一阶连续，单体曲面可支持二阶连续，部分复杂曲面在部分点支持二阶连续
典型应用领域	航空、汽车、轨道交通设计等	发动机、汽车、轨道交通、模具设计等	工程机械、医疗设备、通用机械、工业零部件、消费产品设计等	模具设计、机械设计、冲压、注塑、铸造模具设计及石化静设备设计、工程机械、医疗设备、通用机械、工业零部件、消费产品设计等
大装配支撑能力	>100 万个零部件	>50 万个零部件	>10 万个零部件	部分支持>10 万个零部件

三维 CAD 软件国内外水平的对比情况如下。

1. 建模能力

国外软件：基础建模功能丰富且稳定，具备强大的曲面造型功能。

国产软件：基础建模功能较多，但部分功能稳定性差，大部分软件不具备高阶曲面建模功能。

2. 性能与效率

国外软件：可同时处理数十万甚至百万个零部件，性能强，效率较高。

国产软件：可同时处理数千个零部件，同时处理十万个以上的较少，且性能差，效率较低。

3. 面向全过程

国外软件：可为用户提供概念设计、风格设计、详细设计、工程分析、设备及系统工程、制造及应用开发等全过程的解决方案。

国产软件：提供某一方面的解决方案。

4. 参数化

国外软件：以全参数化特征造型功能为主。

国产软件：以半参数化特征造型功能为主。

5. 智能优化

国外软件：先进的智能优化方案。

国产软件：智能优化处于起步阶段。

6. 零件库

国外软件：积累了大量符合国标规范的零部件体系。

国产软件：缺乏符合国标规范的零部件体系。

7. 高端应用

国外软件：在航空、航天等高端领域应用广泛。

国产软件：应用于模具、汽车、电子、电力等中低端领域。

8. 集成化

国外软件：与 CAE、CAM 等 CAX 软件全周期可集成化强。

国产软件：与 CAE、CAM 等 CAX 软件全周期可集成化弱，普遍缺乏完备的 CAE 模块。

9. 智能装配

国外软件：数十万/百万级零部件可同时装配。

国产软件：数万级零部件可同时装配。

通过上述对比情况，国产 CAD 软件主要存在以下缺点。

（1）对数以十万及百万级零部件的处理性能和效率较差。

（2）对复杂造型的处理稳定性较差。

（3）对符合国标的零部件积累较少。

（4）与 CAE、CAM 等 CAX 软件全周期可集成化较差，特别是缺乏 CAE 软件。

（5）复杂造型的交互编辑与恢复性较差。

（6）在高端应用及优化设计方面较差。

3.3.2　CAE 国内外水平对比

近些年来，我国在 CAE 算法和技术研究方面已经取得了很多重要成果，但在 CAE 整体技术水平方面，国内外有着比较大的差距，主要体现在以下几方面。

1. 技术产业化水平的差距

国外成熟的 CAE 软件经过几十年的发展，已经拥有比较完整的产品服务体系，产品通用性好，分析技术稳定成熟，已经得到大规模的推广使用。与之相比，国内的 CAE 技术产业化水平还需要提高，好的科研成果大多停留在高校发表科技论文阶段，缺少必要的产业化环节，因此没有被大规模推广使用。多年来，国内一直未形成一款有广泛市场占有率和有丰富工程应用实例的 CAE 软件。目前国产软件普遍存在工程验证不完备、软件与工程标准衔接不充分、软件可靠性有待进行工程验证等问题。

2. 市场化方面的差距

市场化应用是国内 CAE 软件发展最薄弱的一环。国外 CAE 软件的市场化应用程度高主要源于四个因素：市场需求、技术优势、商业化推广和并购。在市场需求方面，国外软件从一开始就得到国家的大力支持。在技术优势方面，国外的技术发展较早而且应用实践较多，积累了很多优势。在商业化推广方面，以 ANSYS 为例，自进入中国起，就通过多种组织策略推广产品，并不断占领中国市场。在并购方面，国外软件巨头的发展一直伴随着不断的并购，而并购本身也是对其市场地位的不断巩固。反观国内，从第一批 CAE 软件开始，研发主体大多是科研院所和高校，其应用只是专注于解决软件研发单位内部的实际问题，而很少应用于行业推广。

3. 软件功能的差距

1）在前后处理技术方面

国产软件前后处理技术尚不成熟，缺乏一套体系完善且简单易用的前后处理软件。第一，国内 CAD 软件和 CAE 软件的研发在很大程度上是脱节的，CAE 软件普遍缺乏成熟的几何建模模块，对国内外 CAD 软件的模型接口也不成熟，缺乏几何导入后模型的修复能力。国产软件通常只支持一种或几种 CAD 模型的导入，且导入效率和质量不高；国外优秀软件支持所有主流 CAD 模型的导入，尤其支持大规模模型数据的高效率和高质量导入，此外，其自身还具备较强的几何清理及建模能力。第二，在网格生成技术方面，国内外的软件也存在较大的差距。国内尚缺乏一套能够处理各类工程问题的通用网格生成软件；在网格生成的质量、效率和还原精度方面，国产软件也与国外软件有一定的差距。第三，在软件可靠性方面，国内行业专用 CAE 软件由于在行业内得到大量应用与验证，产品可靠性较高；而通用 CAE 软件尚未得到大规模的应用，可靠性仍有待验证。第四，国产软件普遍缺乏软件易用度和用户体验度方面的考量，客户体验感普遍不太好。

2）在核心求解功能方面

从求解规模看，国产软件通常能处理亿级自由度的求解，国外并行性能好的优秀软件可支持百亿级自由度求解。从求解能力看，国产软件通常对非线性问题求解支持表现较差，难以控制求解收敛，而国外优秀软件从线性静态分析到非线性计算流体动力学分析都能提供很好的支持。国内求解器大多针对解决特定问题进行开发，在特定问题上的分析精度较高，但是核心功能不够全面，缺乏通用性，难以满足大规模商业使用的需求。有些高校和科研院所的部分核心求解功能虽然已经达到甚至超过国外 CAE 商业软件的计算规模和效率，但大多处于起步阶段，正在完善功能和质量验证，还没有达到商业化的程度。另外，国产 CAE 软件在求解规模、求解效率上与国外软件也有着比较大的差距。

3）在系统功能方面

国产软件缺乏整体的系统功能体系，难以解决系统工程问题。主要问题在于：求解规模难以满足系统级仿真的要求，缺乏必要的系统简化手段，缺乏各模块之间的数据传递系统。此外，国外软件往往具备大规模复杂模型的并行求解计算能力，能提升仿真效率。

因此，加快我国具有自主产权、高精度、实时性好、开源的硬件在环仿真系统研发，缩小与发达国家的技术差距，具有重大意义。

3.4　CAD、CAE 国内外需求分析

在 20 世纪 90 年代后期，国家科委（于 1998 年改名为科学技术部）推出了以"甩图板"为口号的 CAD 应用工程。2002 年，科学技术部将制造业信息化列为重大专项。随着这些政府举措的实施，CAD 技术在我国制造业企业中得到了相当广泛的应用，CAD 软件市场得到了极大发展并呈现出持续增长的态势。我国 CAD 软件市场上已形成了国外大型 CAD/CAE/CAM 集成软件、国外普及型的三维 CAD 软件、国产三维 CAD 软件等多品种、多层次的产品格局。

3.4.1　CAD 国内外需求分析

1．CAD 国内外市场规模

1）国外市场规模

欧美发达国家的三维 CAD 软件通用性好，技术成熟，已经成功应用于各重要工业领域的数字化创新设计中。在国际市场上，CAD 依旧是朝阳行业。2018 年，全球三维 CAD 软件市场规模约为 86.6 亿美元，由法国达索系统、德国西门子和美国 PTC 三家公司垄断，占全球市场份额的 60%以上。CAD 技术在欧美发达国家的工程设计中受到高度重视。另外，在美国，CAD 技术本身也被列入意义重大的基础研究领域。美国在发展计算机技术的同时，也非常重视 CAD 软件的研发，近几年更是将其提高到战略性高度。

2009 年，美国的竞争力委员会将建模、模拟和分析的高性能计算视为"维系美国制造业竞争力战略优势的一张王牌"，提出"竞争就是计算（to out-compete is to out-compute）"的口号。这些国策使美国在 CAD 领域保持世界领先，有些软件甚至变成行业内的标准，同时起到缩短产品研发周期、提高产品性能和质量的作用。

2）国内市场规模

2018 年，国产 CAD 软件市场规模约为 7.33 亿美元，占比为 8.5%，95%以上的市场被国外软件所占据。我国三维 CAD 技术的应用还未普及，仅在高端装备制造业、重大工程设计领域等重要场合应用，还未广泛应用于国民经济的各个领域中，应用程度远远低于欧美发达国家。由于产业化意识不强，到目前为止我国还没有研发出在系统性、功能完备性及工业应用程度上具有竞争力和一定市场占有率的商业化产品。因此，多年来，国内难以形成一款有广泛市场占有率和丰富工程应用实例的三维 CAD 软件产品。

由于起步较晚，国内三维 CAD 自主研发公司普遍所占市场份额较小。我国三维 CAD 软件市场仍然潜力巨大。随着制造强国战略不断推进，制造业企业加快实施转型升级——通过实现制造智能化以谋求更大发展。然而，要实现制造智能化，除了大力发展智能装备等硬件，还需要工业软件发挥"大脑"的角色。三维 CAD 软件作为工业软件的组成部分，被广泛应用于产品研发设计、生产制造等环节，是企业产品创新数字化的重要工具。因此，三维 CAD 软件的国产化程度对实现制造强国有着重要意义。

2. CAD 国内外市场需求方向

从行业结构上来看，数字化设计软件在国内的应用主要集中在传统的制造细分行业，以通用机械装备制造业为龙头，在建筑行业所占的市场份额最小。从品牌结构上来看，目前我国高端三维 CAD 软件市场几乎为国外知名三维 CAD 软件品牌所垄断，如 Pro/E、SolidWorks、CATIA、NX 等。这些国外软件企业研究三维 CAD 技术时间长，技术实力雄厚，其软件产品往往具有其他软件产品所不具备的特色功能。由于起步早，这些企业在国际市场上已经积累了大量的行销经验，可以提供很完善的配套服务。但这些企业的软件产品往往价格高，而且某些高端功能如复杂曲线曲面建模等对于一般的中小型制造业企业并不适用。另外，出于某些原因，国外三维 CAD 软件部分模块功能禁止对中国出口；对安全有严格要求的企业国外三维 CAD 软件并不适用。由此可见，为我国的制造业企业提供一种既能满足企业的设计需求，又符合我国设计师设计习惯，具有自主知识产权且适应国情的三维 CAD 软件就成为我国在创新研究和科技竞争中取得巨大突破的重要途径。

针对 CAD 国内外市场需求方向，应主要考虑以下几方面。

1) 数十万级/百万级零部件复杂产品设计

产品设计是制造业的灵魂，制造业是每个国家工业发展的主体，打造先进制造业基地已经成为加快工业化和现代化的重要战略，而装备制造又是战略的核心内容。随着世界工业技术水平的不断提高，全球化市场竞争越来越激烈，对复杂制造装备的需求不断多样化和复杂化。随着现代化制造技术的飞速发展，先进辅助设计手段的出现，以及高速发展的计算机通信技术，传统设计方法已经难以满足时代的要求。现代产品的设计对象由单机走向系统，设计要求由单目标走向多目标，设计所涉及的领域由某一个领域走向多个领域。在设计阶段如何提高产品的性能成为复杂产品设计研究的一大焦点。

2) 零件标准化与定制化

在产品设计中存在大量几何拓扑相同或相似、尺寸规格不同的零件，这些零件的设计常常造成设计人员的重复性劳动。在三维 CAD 系统中建立参数化零件库可以有效地复用企业已有资源，提高设计效率，降低设计和制造成本。合理构建零件库及后台数据库非常重要。根据零件库依赖三维 CAD 系统而存在的特点，借助三维 CAD 系统的零件信息模型并加以改进得到适用零件库的零件信息模型。该信息模型利用三维 CAD 系统提供的模型文件表示零件几何信息，通过定义主参数封装一般参数来组织零件参数。该模式实现了不同零件参数、规格的统一表达，保证了零件库的动态扩充性，并完成了零件库的安全性设计和性能优化。在该数据库的基础上对现有三维 CAD 软件进行扩展开发，建立动态扩充参数化通用零件库系统，具有较高的可复用性。

3）集成化与智能化装配

随着计算机技术的发展，全球化制造时代已经到来。在这个背景下，利用集成化、智能化三维 CAD 系统完成产品的开发设计是企业赢得市场竞争的重要保证。因此，对集成化、智能化三维 CAD 系统的研究，已经成为设计领域的发展趋势。设计问题本质上是一个约束满足问题，即给定功能、结构、材料及制造等方面的约束描述，求得满足设计要求的设计对象的细节。现行的三维 CAD 系统能较好地处理复杂的零件图，但在装配图的设计方面却显得薄弱无力，缺乏完善、可靠的装配建模工具。然而，装配图是产品设计中极为重要的技术文件，它对提高设计效率、缩短设计周期具有重要的意义。

4）参数化驱动的设计

产品的参数化技术是三维 CAD 领域研究的重要内容。近几年，复杂产品的参数化技术逐渐成为研究与应用的热点。由于在复杂产品的设计、建模等不同过程中蕴含了大量行业知识，且这些知识复杂多样、形式灵活，多以经验的形式分散存在，所以如何在参数化驱动的设计中更为有效地表示和利用这些知识，同时使之得以形式化地保存下来，并随着技术的改进、产品的升级而增加和更新，而不是随着人员的变动而消失，那么，充分发挥行业知识的作用是一个关键问题。

3.4.2　CAE 国内外需求分析

1．CAE 国内外市场规模

欧美发达国家的 CAE 软件公司，如 Altair、达索系统、ANSYS、MSC 等公司，产品通用性好，技术相对成熟，基本已经成功应用在各重要工业领域的数字化创新设计中。2018 年全球 CAE 软件市场的规模约为 65.75 亿美元。

CAE 技术在欧美发达国家的工程设计中受到普遍重视，从复杂的航空发动机到简单的一次性饭盒设计，都会应用到 CAE 技术。在美国，CAE 技术本身也被列入意义重大的基础研究领域。美国在发展计算机技术的同时，也非常重视对 CAE 软件的研发，近几年更是将其提高到战略性高度。

近年来，国外 CAE 软件在我国重点工业领域已经有了一定的客户基础。国外 CAE 软件占我国 CAE 行业市场总量的 95%左右，仅美国 ANSYS 就占了近三分之一的市场份额。我国自主知识产权 CAE 软件仅占 5%，与国外 CAE 软件存在巨大差距。

我国 CAE 产业虽然近 10 年内每年都有市场增长，但是市场仍不成熟，依然具有很大的发展空间。据 e-works 不完全统计，在 CAE 技术应用程度最高的装备制造业领域，CAE 技术的市场普及率仅为 22%左右，而在其他领域，CAE 的市场普及率更低。

目前，CAE 应用已经从传统的装备制造业领域向新兴市场转移，在医疗行业、虚拟建筑的设计、基于仿真应用的消费品市场、大气和环境状况仿真等行业领域，CAE 的应用也日趋广泛。随着我国在 CAE 技术自主创新方面的大力投入和市场需求的带动，我国正逐渐向 CAE 应用大国过渡，预计在未来 10 年，国产 CAE 在国内市场会保持 25%左右的年平均市场增长率，具有极大的发展潜力。

国内市场需求分析如表 3-3 所示。CAE 软件主要集中在船舶、航空、航天、汽车及其他运输装备等行业，需求规模分别为 6.1 亿元、9.1 亿元、7.71 亿元、13.95 亿元、3.4 亿元。这与制造业本身千亿级乃至万亿级庞大的市场规模并不相称。随着制造业数字化转型步伐的加快，制造模式由实物验证向模拟试错转变，对仿真分析软件的需求会越来越大，CAE 软件的需求规模将远大于现在的数值。

表 3-3　国内市场需求

重点行业/领域	总体规模（市场规模）	需 求 规 模
船舶	3477 亿元	6.1 亿元
航空	3500 亿元	9.1 亿元
航天	8000 亿元	7.71 亿元
汽车	54349 亿元	13.95 亿元
其他运输装备	3000 亿元	3.4 亿元

数据来源：中国船舶工业行业协会、东北证券、前瞻产业研究院、中国汽车工业协会、中商产业研究院、CIMdata、中国工业软件产业白皮书（2020 年）、行业访谈。

以 CFD 为例，典型 CFD 行业的纵向市场、横向市场及估计的市场规模如图 3-1 所示。从纵向市场看，航空航天、汽车、化学加工、电子设备等行业是 CFD 应用非常广的行业；从横向市场看，一般流体流动和传热、多相、旋转机械、化学反应、电子散热是 CFD 的主要应用领域，市场规模较大。

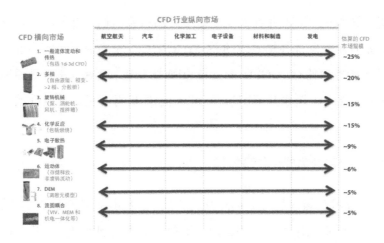

图 3-1　典型 CFD 行业的纵向市场、横向市场及估计的市场规模[①]

① 图片来自明导国际公司发布的《CFD 民主化白皮书》。

2．CAE 国内外市场需求方向

1）大规模复杂系统级模型的仿真能力

复杂系统级装备制造业的大规模计算问题，如多级风扇/压气机/涡轮的联合气动计算、发动机整体结构强度/刚度/动力学分析等。随着计算机技术的飞速发展，E 级（Exascale）计算将给 CAE 超大规模计算应用带来前所未有的发展机遇，同时也会带来极其严峻的技术挑战。

目前，CAE 分析已经从传统的单学科问题向跨学科问题过渡。这些都对 CAE 软件处理大规模问题的能力提出了很高的要求。同时，现代计算机 CPU 核心数量不断提升，也推动了 CAE 软件从单核单线程串行计算向大规模并行计算方向发展。目前大型商用软件已经普遍集成了基于 MPI（信息传递接口）的并行计算模块，但是没有对并行计算模块做过多的优化，因此普遍线性加速比不高，并行效率低下，不能满足目前大型计算机、超级计算机的发展需求。

对比传统的 CPU 并行计算，新型异构体系结构的并行计算策略更加复杂。如何充分发挥异构系统的并行计算效能，是当前急需解决的重大问题。目前国外软件对于 GPU 的支持也刚刚起步，没有真正大规模地应用到工程项目当中。这也是国产软件可以快速发展并超越国外软件的一个突破口。

2）行业定制集成化仿真软件

CAE 技术在国内虽有多年的发展经验，但是由于市场不完善、使用技术门槛高、仿真工作量过大等原因，不利于企业大规模推广使用，国内工业企业对 CAE 应用的进程相对比较缓慢。因此，针对不同行业的具体仿真需求，将仿真的前后处理等耗费巨大人力资源的重复性过程，尤其对于汽车行业，以模板库的形式集成于行业定制化平台中，极大地降低了 CAE 技术对用户的准入门槛，并大幅度提高工作效率，将产品设计者从繁杂的仿真工作中解放出来。同时，与行业展开定制化合作也使 CAE 软件的开发能够真正去满足工程需求，并且使 CAE 软件得到充分的工程验证，提高 CAE 软件的可靠性和可信度。因此，积极发展行业专用软件是国产软件更好地服务于本土企业，深耕行业客户，并且在短期内赶超国外软件的重要手段。

3）提升仿真精确度和可靠性

国内行业专用 CAE 软件由于在行业内得到大量应用与验证，可靠性较高；而通用 CAE 软件尚未得到大规模的应用，可靠性仍有待验证。由于国产通用 CAE 软件的准确性问题，其在国产通用 CAE 软件在国内市场比较缺乏竞争力。因此，提高国产通用 CAE 软件的精确度和可靠性，是用户对 CAE 技术的要求，也是 CAE 技术在国内发展的必然要求。一方面，CAE 软件研发者与国内科研院所、高校及高端装备制造业企业之间应开展积极合作，将最准确、高效的科研成果整合到 CAE 产品当中；另一方面，这些单位的合作可以使 CAE 软件得到大量的实践验证，而合理、精准的仿真结果会提升国内企业对国产 CAE 软件的信任度，使国产 CAE 软件在国内打开市场。

4）跨学科问题的仿真能力

目前，许多工业领域的仿真分析都不仅仅涉及单一物理场，尤其是对于一些精密产品的设计。例如，电子领域的电子元件散热问题、航空领域的发动机叶片的气动弹性稳定性问题、船舶领域的流致噪声和振动噪声问题等。工业企业对多物理场耦合仿真的需求应运而生。对于单一物理场问题，如单纯的结构分析、流体分析、电磁场分析、噪声分析等，国外软件的技术已经比较成熟，但对于涉及多物理场耦合的复杂工程问题，其分析能力尚存在较大的不足。因此，面对国内创新需求的复杂工程问题，发展多物理场耦合分析技术是对 CAE 技术的一项重要需求。

5）硬件在环仿真市场需求

随着我国经济发展的转型，制造业不断升级，尤其在高科技制造领域，技术含量快速提升，研发、实验、测试和生产的难度逐步提升。硬件在环仿真技术能有效提升相关行业的效率，缩短时间，节省成本，且应用领域较广，行业面临较好的发展机遇。

航天领域是传统的硬件在环仿真技术的应用领域。近年来，随着硬件在环仿真技术应用领域的拓宽，应用占比有所下降，但需求规模依然非常大。目前，硬件在环仿真行业在国内发展的机遇较好，主要表现在行业发展机遇、市场机遇和技术机遇方面。

3.5　CAD、CAE 在行业中的应用

3.5.1　CAD 软件在行业中的应用情况

三维 CAD 软件按设计复杂度可以分为三级，第一级为超高复杂度大型装备设计，如航空、船舶等设计；第二级为高复杂度产品设计，如航天、汽车、高科技电子等设计；第三级为中等复杂度产品设计，如机械、家电、模具等设计。下面分别从这三级中各选取一个代表行业进行介绍。

1．第一级：航空

航空领域是 CAD 软件最早的应用领域之一，早在 20 世纪五六十年代，二维 CAD 技术就已在航空产品设计过程中被广泛使用——大幅度提高了设计更改的效率，加强了设计知识和数据的复用。随着产品复杂程度的提高，二维 CAD 技术已经不能满足应用的需求了，三维 CAD 软件应运而生。

CAD 软件是航空数字化制造体系的基础核心。三维 CAD 软件是大型复杂航空产品研发和制造的必备工具。航空领域应用 CAD 软件，一是功能上强调设计、分析、测试一体化集成。随着软件技术的发展和航空数字化设计、制造、管理一体化的需要，传统的 CAD、CAE、CAM、PDM 之间的界限越来越模糊，逐步形成统一的复杂装备三维造型、分析与测试一体化软件平台。目前高端的大型 CAD 软件 CATIA、UG 等都属于这种广义的 CAD 系统。二是应用上侧重网络化的 3D 参数设计。波音、空客等领先航空制造业企业正在联合供应商共同推进基于参数化的网络协同数字化设计。通过建立基于互联网实时更新的飞机标准零部件模型数据库，设计人员可以根据参数从模型库中直接提取，不仅减少了飞机设计的工作量，而且降低了从业人员门槛，节省了人力资源成本。同时，设计人员通过互联网在线协同设计，利用贯穿设计、强度、管路、液压等全流程的数据共享优势，使并行工作的效率大幅度提升，缩短了飞机从研发到批量生产的周期。

2．第二级：汽车

汽车行业是最先运用 CAD 软件的行业之一。现如今，几乎所有的汽车企业都会应用 CAD 软件。可以说，CAD 软件的应用水平已经成为评价一个汽车企业水平的重要指标。CAD 技术在汽车行业的应用主要表现在汽车整车及零部件设计方面，主要包括汽车底盘设计、车身设计、零部件设计、模型设计、轻量化设计等领域。CAD 技术在汽车领域的应用涉及机械系统、电气与电子系统等。

CAD 软件在汽车行业的应用需求主要有四个层次。

1）计算机绘图应用层次

这个层次基本属于"画图版"层次，其特点是提高了绘图效率，在一定程度加快了产品的设计进程。

2）三维设计应用层次

这是指从三维着手进行产品设计，采用特征参数化 CAD 系统建立零部件的三维几何模型，实现装配仿真和装配干涉检查，由三维模型生成二维零件工程图。由此可实现无纸张设计和有纸张制造，即三维模型→二维零件工程图→加工制造，或者实现无纸设计和无纸制造，即三维模型→数控加工。

3）数字化设计应用层次

数字化设计是指用计算机进行产品的设计、工程分析、模拟装配和制造等。工程分析是指在设计中利用有限元分析、优化设计及其他分析软件对产品的性能和结构进行分析，以保证产品性能优良、结构合理。数字化设计的目标是建立产品的数字化样机，即产品外形的数字化定义、产品零部件 100%的数字化预装配。

4）企业信息化应用层次

这个层次的应用体现在 CAD、CAE、CAPP 等的集成；应用 PLM 软件实现企业内部的文档管理、产品结构管理、配置管理及工作流程管理；实现 CAX/PDM/ERP 的集成等。这一层次是 CAD 技术的深化应用，是现阶段开展制造业信息化工程的主要内容，其目的是达到企业内容，乃至企业间的信息交换和共享。

在研发环节，整车企业中 CAD 都已得到良好的应用，未来采用基于模型的定义助力正向研发是整车企业关注的趋势之一。在产品生命周期层面，提高设计生产服务一体化水平成为企业进行改造升级需要解决的问题。汽车企业通过 CAD/CAE 软件，以建立全参数化三维实体模型为根底，用有限元分析等方法进行关键零部件的强度、稳定性，以及整车或零部件的运动性能和动力性能的仿真分析，为汽车企业搭建全新的开发体系。

3. 第三级：机械

CAD 技术在机械行业应用广泛，其在设计领域的有效运用，不但能为设计人员带来全新的设计理念，提高设计人员的整体设计水平，而且能促进设计工作向着智能化、数字化方向发展，在现代机械设计领域发挥着极其重要的作用。

CAD 技术在现代机械设计中的作用主要体现在增加设计的便捷性、缩短设计周期、提高设计质量、增强零件设计的直观性。

CAD 技术在机械行业主要应用在以下几方面。

1）统一对符号及图形的使用

在机械产品设计和制造过程中，设计人员往往以某些特定符号或特定图形代表工业产品设计中的某零部件或某零部件的部分特性，从而简化设计图和设计内容。在设计过程中，设计人员需要利用 CAD 技术辅助机械产品设计，能通过标准化的符号或图形运用，利用表格编制符号、图形与对应机械零部件或对应零部件参数间的联系，建立数据库。这样便于工业产品设计图使用者快速了解设计人员的设计意图，充分掌握工业产品符号和图形的特征，避免不同设计人员在同一工业产品设计过程中由于符号或图形阐述不准确而造成的误差，解决了符号和图形使用混乱的问题。

2）在机械设计建模中的运用

CAD 技术在产品建模期间应用参数化建模的方式，使用参数对各步骤和产品外观规格、结构特征等进行设计。三维建模技术中实体模型、线框模型、剖面图、平面图甚至立面图等的应用，能够快速得到工业产品设计全方位参数信息，为设计优化和产品改良提供支撑。

3）零件设计与修正

应用 CAD 技术可在现场整体安装完成后单独对某个零件进行设计和修正，这样对原有的装配零件位置通过三维模型判断，设计出来的零件应用性非常高。应用 CAD 技术不仅能够清楚地将产品的形态、位置、大小等特征直接呈现在设计人员面前，还能展现产品的颜色、体积、重量等参数。CAD 软件最大的优势就在于计算能力与图形处理能力，这两方面可以解决机械工程零件设计的质量问题。一般来说，零件制造质量问题往往与设计过程中的精准度不够有关，应用 CAD 技术就能改善这一情况：使零件制造成功率得到有效提高，促使零件与模型数据保持一致，机械工程设计的质量也会因此大幅度提高。

3.5.2　CAE 软件在行业中的应用情况

目前 CAE 技术被广泛应用于各类装备制造行业。通过 CAE 分析，能预测结构设计的规律，避免设计缺陷，从而减少实验的次数，这样能大大缩短产品的研发周期，提高产品设计的准确性，大大降低产品开发设计成本。以下列举了国内重要工业领域对 CAE 技术的具体需求。

1. 航空领域对 CAE 技术的需求

航空领域与航天领域类似，是一个涉及多学科、多专业、多层次的大型复杂的系统工程。CAE 技术给飞行器气动设计方式带来了革命性变化，CAE 技术与风洞试验相辅相成，已成为现代飞机气动力设计的重要技术手段。CAE 技术的重要性和实用性应当得到重视。就航空航天工程应用而言，CAE 技术在较为完备的流体力学理论、数值计算科学及大规模并行计算技术的支撑下，几乎渗透到航空工业空气动力学研究与应用的每一个领域。CAE 不再仅仅是一个计算平台，而是开始成为飞行器设计过程中不可缺少的工具。CAE 技术在航空领域的应用十分普遍，应用需求也在不断扩大，从原先单独的结构强度、疲劳、气动力等单物理场仿真逐渐向更为复杂的多物理场耦合仿真迈进。航空发动机作为飞机的核心部件，尤其需要多物理场耦合分析技术的全面应用。此外，在严苛的飞行工况下，机身、设备舱、燃油箱、发动机舱等关键部位的热防护仿真问题也逐渐变得重要；对于飞行员的人身安全、舒适性等仿真也逐渐被行业重视。

CFD 是航空航天领域应用非常广泛的 CAE 软件之一，以其为例、其典型应用需求如表 3-4 所示。

表 3-4　航空领域对 CFD 的典型应用需求

序号	需 求 点	细分需求领域	备 注
1	飞行器气动外形综合优化与评估	气动数值优化设计	对飞行器气动和外形进行优化设计
		精细化设计压力分布	
		大型客机多点优化	

续表

序号	需 求 点	细分需求领域	备 注
2	气动弹性计算	飞行器型架外形设计	基于 CFD 的气动弹性数值模拟在飞行器静、动气动弹性和型架外形设计中发挥了重要作用
		垂尾抖振数值模拟	
3	直升机和涡轮螺旋桨飞机数值模拟	螺旋桨滑流	直升机和螺旋桨滑流是气动特性评估中的一个难点，存在部件干扰强烈、流动机理复杂及计算量庞大等问题。采用多重网格、动态重叠网格及并行技术等方法，进行直升机和涡轮螺旋桨飞机在典型飞行状态下的非定常流场数值模拟
		直升机悬停数值模拟	
		直升机前飞数值模拟	
4	发动机正推和反推数值模拟	发动机数值模拟	基于喷流数值模拟技术，对飞机极限状态、短中长航时的疲劳状态、特殊状态时巡航/起飞/着陆/复飞构型的正推动力影响，以及不同发动机反推栅格方案、不同工况时着陆构型的反推动力影响进行计算分析
		发动机出口总压恢复系数	
5	空中加油数值模拟	空中加油过程压力分析	模拟加油软管的释放过程，进一步模拟了翼尖涡结构对给定的软管-锥套释放过程的影响
		空中加油软管装置压力分析	
6	多体分离数值模拟	冰脱落飞行轨迹模拟	载机与分离物体之间安全评估的重要手段，为适航提供依据
		武器投放	
7	过失速流场数值模拟	失速气动特性分析	过失速流场数值模拟是飞机设计和气动特性评估中的难点
		失速流场数值模拟	
8	高超声速流动数值模拟	激波脱体距离	基于高温真实气体效应的数值模拟研究，为高超型号设计中的热防护设计和有效姿态控制等提供丰富的计算数据支撑
		驻点热流峰值	
		表面摩擦阻力分布	
		飞行器气动力和力矩等参数	

在现今的美国航空航天领域，CFD 约占气动设计工作量的 70%，而风洞试验的工作量只占 30%。欧美的发展历程启示我们应该重视 CFD 的研

究和应用。在大型飞机的研制中，在节省研制经费、缩短研制周期、提高研制质量等方面，CFD 所具备的独有优势可以发挥十分重要的作用。未来飞行器性能的确定，将越来越依赖于在"虚拟风洞（采用 CFD 技术）"数据基础上产生的"虚拟飞行"，这将是飞行器研制的主要发展方向。随着制造范式的迁移，蓬勃发展的航空制造业对以 CFD 为代表的 CAE 的需求将呈井喷式上升趋势。

2. 汽车领域对 CAE 技术的需求

以汽车产业为代表的运输装备业是世界上规模最大的产业之一，具有产业关联度高、涉及范围广、技术要求高、综合性强、零部件数量多、附加值大的特点，对工业结构升级和相关产业发展具有很强的带动作用。我国汽车产业在全球占有重要比重，从产业规模看，我国已成为世界第一汽车生产国，几乎占世界总产量的三分之一。

汽车是由几千个零部件组成的复杂产品，在研发设计过程中常涉及多种多样的流体动力学方面的工程问题。随着现代仿真技术的日趋成熟，企业广泛将这种先进的研发手段与传统的试验和设计经验相结合，形成互补，从而提升研发设计能力，有效指导新产品的研发设计，节省开发设计成本，缩短开发设计周期，使开发设计结果更具科学性，对汽车进入实车造型与分析评价阶段产生较大影响，从而大幅度提高企业的市场竞争力。越来越多的国产汽车企业将数值模拟方法应用到汽车设计的多个环节，极大地推动了汽车技术的发展。CAE 软件已经成为汽车产品开发的主要工具。

由于汽车行业中 CAE 分析存在大量重复性工作的特点，汽车行业中采用的前处理软件需要具有效率高、操作简便、适合复杂模型装配的使用特点。汽车行业对 CAE 的仿真需求主要集中在汽车车身结构强度分析、汽车的碰撞安全系统分析、汽车气动外形分析与优化设计、NVH 振动噪声等方面，而新兴的仿真需求主要集中在多物理场耦合仿真、新能源汽车仿真、仿真流程自动化、数据集成和管理等方面。

下面以 CFD 为例，展示汽车行业对 CAE 软件的需求，如表 3-5 所示。

表 3-5　汽车行业对 CFD 的主要应用需求

序号	需 求 点	细分需求领域	备 注
1	空气动力学、气动噪声问题	阻力、升力、侧向力分析	对汽车整车进行详细的空气动力学仿真，获得详细的流场细节特征分布情况，使用户更好地了解整车的空气动力学性能，为气动减阻、降噪等问题提供帮助
		泥/水附着、车辆涉水分析	
		气动噪声、噪声传播分析	
2	发动机舱热管理问题	发动机舱的整车详细空气动力学分析	对整车及发动机舱进行热管理分析，获得详细的冷却模组进气量及温度场细节特征分布情况，为机舱内部的热设计、热保护提供帮助
		冷却风扇、冷凝器、散热器的分析	
		传导、对流及辐射换热分析	
3	空调系统及乘员舱热舒适性问题	空调系统风流量分配及空调管路噪声分析	进行瞬态的除霜、除雾过程分析，可以进行包含太阳辐射的乘员舱热舒适性分析，还可以进行空调管路的风流量分配及噪声分析，为产品设计提供帮助
		除霜、除雾分析	
		乘员舱热舒适性分析	
4	内燃机及进排气系统问题	进排气及缸内流动分析	对进排气系统进行分析，获得瞬态的缸内流动特性，可以分析缸内喷雾、燃烧过程，还可以分析三元催化器、SCR（选择性催化还原）系统的工作过程等
		缸内喷雾、燃烧分析	
		排气后处理分析	
5	零部件（车灯、油箱、动力电池等问题）	车灯和灯室内的流场及温度场分析	可以对车灯、油箱加注、油箱晃动、电池发热、电池组冷却等问题进行分析，还可以对刹车系统冷却、涡轮增压器、液力变矩器、燃油泵、齿轮泵、摆线泵等零部件进行分析
		油箱加注过程分析、油箱晃动分析	
		电池单体放电过程发热分析、电池组冷却散热分析	

我国的汽车工业长期落后于发达国家的汽车工业，在汽车技术方面也与汽车工业发达国家存在很大差距。最近几年随着我国汽车工业的快速发展，在汽车技术方面取得了较大的进步，但汽车设计是我国自主研发的瓶颈之一，随着国内汽车工业高速发展，汽车企业对 CAE 软件的需求日益旺盛。

3. 船舶领域对 CAE 技术的需求

船舶工业是为航运业、海洋开发等提供技术装备的综合性产业。中国造船业在全球市场上所占的比重一直处于较高水平，中国成为全球重要的造船中心之一。

近 10 年来，船舶行业飞速发展，新的设计规范对设计提出新的要求。这些变化表明船舶设计进入了以创新为主流的时代，这使传统的、基于工程回归分析和经验的船舶设计方法越来越"无能为力"。目前，新型船舶大量出现，结构设计及多种型线设计方案的优化需要进行大量船模试验，那么，如何减少试验次数和费用开支，如何缩短周期是船舶设计需要重点解决的问题。

表 3-6 是 CAE 在解决船舶总体设计与研发过程中部分常见需求的简要介绍。

表 3-6　CAE 软件在船舶行业的典型应用需求

序号	需 求 点	细分需求领域	备 注
1	船体的动力学问题	船体自由振动分析	包含模态分析、瞬态分析、谐响应分析、响应谱分析和随机振动分析，能模拟船体的自由振动和受迫振动，并在此基础上进行设备的减振设计
		机械设备引起的船体受迫振动分析	
		机座的减振设计	

工业软件：通向软件定义的数字工业

序号	需 求 点	细分需求领域	备 注
2	船舶的总体性能	船舶水动力性能	用来选择有希望的备选设计方案做进一步的水池试验；指明对设计方案进行改进的部位和方法，比如显示出船身上的压力分布的细节
3	船舶的动力、推进问题	螺旋桨推进性能 舵的性能 磁推进	能提供普通势流方法所提供的结果，如水动力性能、桨叶表面的负荷分布等，还能提供螺旋桨流动所特有的一些重要现象与特征，如桨叶边界层流动、流动的分离现象、桨叶所受的黏性力及梢涡的形成与结构、螺旋桨尾流场等。不但能从定性上而且能从定量上预报螺旋桨黏性流场，为螺旋桨噪声、振动提供基础依据
4	船舶的耐波性、操纵性、抗沉性问题	船舶的回转性分析 船舶在波浪作用下的运动分析 甲板上浪分析	CFD 软件的动网格、六自由度、UDF 技术、多相流技术能有效模拟船舶领域关注的耐波性、操纵性、抗沉性的问题
5	船舶的稳性问题	初稳性、大倾角稳性、动稳性分析 复杂海况下船舶运动响应分析 系泊分析 波浪载荷的传递	模拟船舶在各种复杂海况下的稳性和运动。集成的缆索动力学模块能解决船舶系泊设计的问题，计算船舶受到的波浪载荷，并能传递给结构分析软件，进行强度分析评估
6	船舶的通风性、舒适性、火灾问题	工作环境恶劣舱室的通风性分析 豪华游艇舱室的舒适性分析 潜艇及重要船舶火灾分析 液化气船泄漏分析	有效模拟船舶的通风性，舱室内的舒适性，以及对火灾的仿真分析
7	船舶设备、人群疏散等问题	船用泵的性能分析 管路内流动分析 船用柴油机性能分析 人群疏散的逃生分析	有效提升船舶的配套设备的性能，如船用发动机流场分析、管道内流场分析、船用空调系统流场分析、船用电机温度场分析、船用电器、机箱、显控台、相关电子设备的散热分析，以及模拟人群的疏散逃生路线

142

CFD 软件在船舶行业应用理论流体力学或数值流体力学方法来计算和预报船舶水动力性能，通过模拟牛顿不可压缩流体三维湍流运动的压力场、速度的方式来进行计算和预报。计算和预报内容包含了对波形状况、伴流、阻力等的研究，以及对船舶直航性能、敞水性能、操纵性能及推进性能等的研究，以达到预测船舶性能、优化船舶设计方案和对船舶周围流场现象及理论进行分析研究的目的。

蓬勃发展的造船业和先进设计要求对 CFD 软件产生了大量需求。船舶的自由表面、船型复杂化、全尺度模型、高精度要求、不可压缩约束、系统化等特性对 CFD 软件提出了特殊的要求。由于历史原因，我国在船舶 CFD 方面起步较晚、发展较慢。到 20 世纪末，我国船舶 CFD 的发展已与国际先进水平存在一定差距，这和我国致力于成为世界第一造船大国的目标是相悖的，因此亟须发展国产船舶 CFD，以满足广阔的市场需求。

3.6　设计仿真软件生态链构建

工业软件体系复杂，门类众多，涉及面广，面临的瓶颈和短板（如资金困境、技术困境、市场困境、人才困境等）多。但是，从破局工业软件体系化发展和产业化全局性的角度看，应解决工业软件产业生态链的瓶颈，因为只有建立起具有"循环造血"功能的产业生态链，才能系统地解决工业软件现有的资金、市场等诸多瓶颈，避免"头痛医头，脚痛医脚"，而在建立产业生态链的过程中，既有的一些瓶颈可能会迎刃而解。设计仿真软件是我国对外依赖度最高的工业软件种类之一，在产品研制中占据核心地位，是工业数字化转型的关键所在。可见，建立设计仿真工业软件产业生态链意义重大。

3.6.1 设计仿真软件产业生态链现状与问题

设计仿真软件作为工业软件产业的重要组成部分，从产业生态链相关单位构成看，可以分为政、产、学、研、用、金六大部分。其中，政是指政府引导的设计仿真软件产业规划和资金投入；用是指设计仿真软件技术和软件的应用单位；产是指从事设计仿真软件技术产品化和商业化市场推广的企业；学是指为设计仿真软件行业提供人才培养的院校；研是指和设计仿真软件产业相关的核心技术和算法的研制单位；金是指对设计仿真软件产业进行投资的各类社会金融单位。图 3-2 分别就每一类型单位在设计仿真软件产业的现状及存在的情况进行论述。

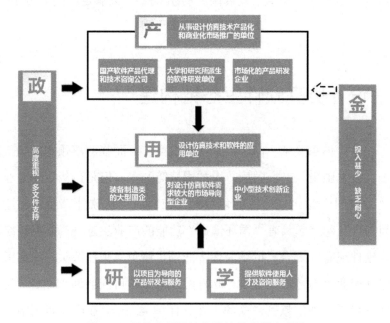

图 3-2 目前我国设计仿真软件产业生态链

从 20 世纪 90 年代的"甩图板"工程开始，各级政府对工业软件给予了支持。《国务院关于深化制造业与互联网融合发展的指导意见》《深化"互联网+先进制造业"发展工业互联网的指导意见》《软件和信息技术服务业发展规划（2016—2020 年）》《信息产业发展指南》等一系列政策文件均将推动工业软件发展作为一项重点工作。国家高度重视发展软件产业，通过双软认定等方式，给予各类软件企业税收优惠，同时多举措间接地支持工业软件企业。但受限于诸多历史原因，国产工业软件仍存在一些问题。

当前国内设计仿真软件产品化的单位普遍弱小，没有突出的主力企业，主要包括三类：一是高校和科研院所派生的设计仿真软件研发单位，二是国外设计仿真软件的代理服务商和技术咨询服务商，三是市场化的设计仿真软件的研发企业。

1）高校和科研院所派生的设计仿真软件研发单位

我国从 20 世纪 70、80 年代开始到 20 世纪 90 年代中期，高校设计仿真领域的研究积累了不少软件成果，比如前面提到的大连理工大学研制出了 JIGFEX 有限元分析软件、北京大学袁明武教授研制出了 SAP-84 等，还有一些科研院所的成果，比如中国飞机强度研究所推出的航空结构分析软件 HAJIF、中国空气动力研究与发展中心推出的气动分析"风雷"软件、中国科学院梁国平老师研制的飞箭软件等。这些软件技术和产品大多以学院的模式在运营，没能完全用商业模式来运作，没有形成真正的商业化产品，而止步于学术成果或单位内部成果。

2）国外设计仿真软件的代理和技术咨询服务商

20 世纪 90 年代中期以后，国内产业创新对设计仿真软件技术需求加大，国外商业软件企业推出的产品打开了中国设计仿真软件的市场，大批国外软件涌入，出现了一批国外软件的代理服务商和技术咨询服务商。

3）市场化的设计仿真软件的研发企业

国产设计仿真软件企业又分为纯民营企业和隶属于央企的企业。2000 年左右，一批企业以市场化为核心开始打造国产商业化设计仿真软件品牌，一些代理服务商也逐步认识到销售国外软件的商业弊端而开始尝试走自主开发的道路，商业化自主设计仿真软件研发企业逐步兴起。设计仿真软件产业逐步有了产业聚集态势，也有了一些代表性的企业和产品。但是，由于产品的成熟度、市场的"锁定效应"壁垒等原因，企业在运营和市场推广等方面困难重重。设计仿真软件自主研发企业的规模、市场占有率都非常小，呈现"小、散、弱"的特点。"小"表现为设计仿真软件企业的技术相对薄弱，导致软件产品单一，企业很难形成规模化优势，难以把企业做大；"散"表现为工业软件所涉及的行业众多，专业划分细，导致针对特定专业的行业深化应用的工业软件散落在各行各业；"弱"表现为国内企业在工业软件的核心技术上与国外企业具有非常大的差距，核心竞争力弱。

我国目前主流设计仿真软件企业的很多研发人才都是我国 20 世纪80、90 年代培养出来的。在 20 世纪 90 年代中期以后，国内高校内部由研发软件和算法技术转向了以使用国外软件做横向技术服务项目为主。从2000 年开始，国内设计仿真软件研发人才的培养进入萧条时期。目前，传统的设计仿真软件的技术和算法逐渐成熟，突破性领域和课题逐渐减少，国家的研发投入也不断下降，高校人才培养和研究已经过了黄金期。这也是我国设计仿真软件产业既要补上历史的课，又要重新吸引人才和资源到研发和创新领域所面临的挑战。

我国设计仿真软件应用单位主要可以分为三大类：一是装备制造类的大型国企，如航空、航天、船舶、电子、核电、汽车等；二是创新能力强、对设计仿真软件需求较大的市场导向型企业，如格力、华为等；三是中小型技术创新型企业。其中，第一类约占国产设计仿真软件市场的 80%，主体部分是国家经费的技改项目；第二类约占 15% 的市场空间，主体部分是企业自身经费；第三类在软件采购、人才聘用等方面都无法投入更多资金，在整个产业占比最少，没有形成良性市场主导的产业需求体系。

20 世纪 90 年代中期以后，我国产业创新，对设计仿真软件需求加大，这时国外商业软件企业推出的产品在工程实践、用户体验、功能、可靠性等方面都远远优于国内产品，同时，我国开放了进口国外设计仿真软件的市场，大批国外软件涌入我国市场。应用企业每年花几十亿元资金引进大量的国外设计仿真软件，其中也存在盲目对标国外工业巨头，非理性购买国外软件的情况。当时，国外设计仿真技术和软件确实对我国工业企业创新设计起到了非常重要的作用，有些行业如汽车、航空、航天等，数字化设计和仿真已经成为产品研发和设计的关键一环，但同时也形成了我国技术创新对国外高端工业软件依赖的局面。

国外为中国企业提供的软件基本是通用软件。近年来，随着国内自主创新需求的不断加大，国外通用软件的功能已经满足不了国内市场对定制化的需求，而国外软件的国内代理公司或分公司没有能力进行定制化的开发和打造。打造行业定制化软件渐渐有了一定的市场，自主商业设计仿真软件研发企业逐步发展。我国具有行业领先地位的设计仿真技术应用单位对行业专用设计仿真平台、模型、数据库的定制开发需求逐渐增加。

工业软件尤其是设计仿真软件，风险高、投入高、回报周期长，但以获得短期回报为导向的社会资本更愿意投入"短平快"项目，对工业软件

投入甚少。随着国内对工业软件需求的加大，近年也有不少投资公司关注
设计仿真软件研发企业，并且有一批国产设计仿真软件研发企业获得了投
资。但是有些投资公司和被投企业没有充分认识到行业特点和所处阶段，
因没有完成对赌业绩要求，被投企业被资本绑架，从而影响了企业的健康
发展。

中国的工业软件产业生态链构建还处于非常初级的阶段，各环节的功
能还没得到充分发挥，各环节之间的配合和协调也存在很多问题，没有充
分利用现有较完备的工业体系构建出适应体系自身完善造血功能的工业
软件产业生态链。

产业链各类要素之间尚未形成有机整体是最大的问题。至少在
2018 年之前，各类要素比较分散、独立，相互间缺乏深度合作，未能实现
有效资源互补、价值共创，难以构建体系化发展能力。

3.6.2　各司其职、联营互动，建立产业生态链

值得庆幸的是，近两年来，随着各界对工业软件重视程度增强，政策
红利、产业趋势、技术变革等因素的多重叠加，有关部门正积极作为，"工
业软件的春天"已经到来，产业生态链的构建也迎来曙光。

产业生态链内要素单位的协作与联营，使产业生态链中能量传递的规
律得以充分展现，节约了产业的上游、下游的运营成本，进而使各类市场
配置资源的决定性作用得以发挥，技术与经营的创新得到加强，由此产生
的要素单元整体变革行为将为整个产业带来新的生机。

构建新型设计仿真软件产业生态链如图 3-3 所示。

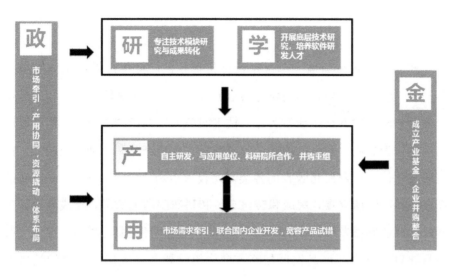

图 3-3　构建新型设计仿真软件产业生态链

设计仿真软件产业生态链的构建要求政府、企业、科研院所、高校和用户等各环节定位准确，发挥出各自的作用；同时，各个环节需要相互依存，相互配合，协同发展。我们要构建自己的设计仿真软件产业生态链，必须立足于我国具体国情，通过政策引导、资源引流、服务保障和鼓励创新等方式来主导设计仿真软件产业发展。

各要素发挥作用和运行机制如下。

1. 政

政府在产业生态链中起统筹引导作用，破除限制产业发展的体制性、机制性问题，创造良好的政策环境，开展体系布局，通过政府"有限资源"投入，撬动市场"无限资源"的积聚，发挥生态整合的优势。

2. 产

产品研发和市场推广单位是设计仿真软件产业生态链的主体和主要参与者，承担着产品研发创新与供给的责任。设计仿真软件研发和产品化单位要形成以软件自主研发为主、技术服务为辅的新产业特色，需要以产品市场化为导向，采用市场化企业经营模式定位产品和企业经营模式。自主研发软件企业需要将吸收的各类资源投入市场化的产品研发中，同时给高校和科研院所立项，集成和转化高校和科研院所的成果，要成为设计仿真软件产业健康发展的主力，而不要成为承接项目的服务单位。申请政府项目要以符合企业产品发展战略方向为第一要务，突出本单位的技术优势，同时提高研发工程师的待遇，吸引人才加入。软件企业围绕具体业务开展合作，通过合作加深双方了解，促进业务融合，提升业务能力，在此基础上，推动企业通过股权置换等方式开展合并。有条件的企业应积极开展海外并购，全力将企业打造成有较大市场占有率的行业领军企业和"小巨人"企业。

3. 学

高校推动基础理论研究，开发并输出工业知识与软件知识，培养设计仿真软件人才，成为产业生态链得以成长的重要动力。高校以数学、物理底层算法研究为基础，采用国产工业软件平台进行科研项目，加强与企业的交流合作，推动国产设计仿真软件技术研发和应用。由于传统的设计仿真技术已经相对成熟，进行大幅度的技术突破比较困难，因此，需要重新定位和梳理高校与科研院所设计仿真基础研发类课题方向，从传统设计仿真技术的新应用突破、与新的技术领域结合突破、吸引人才加入设计仿真技术的研发工作等方面着手提升传统学科的新活力。

4. 研

科研院所对产业生态链起引导和支撑作用。科研院所主导设计仿真软件标准、质量、安全、知识产权等研究工作，促进研究成果产业化。

央企附属的有研制条件的科研院所应注重对核心技术和算法的研发、模块产品的成果转化等，开放由政府项目支持的技术和软件成果为社会化的财富，注重技术成果的开放和社会财富化，与商业软件企业合作推进成果转化和产业化。

5. 用

应用单位是设计仿真软件的主要需求者、软件迭代优化的承接者、产业生态链循环发展的牵引者，能够提供应用需求反馈，刺激产业提高供给能力。行业领军应用单位应结合自己企业的需求，与国产设计仿真软件研发企业产用协同，联合打造和推广行业专用设计仿真软件与行业标准。从点到线再到面，坚定方向，宽容国产软件成长阶段的不成熟，逐步实现联合开发，在行业专用仿真平台、模型、数据库等替代国外货架通用产品上实现率先突破。中小型创新类企业要利用政府引导资金等，减轻初期投入的压力，逐步成为市场需求的主体单位。

6. 金

社会资本对产业生态链起到催化与撬动作用。具体来讲，发挥多层次资本市场的作用，建立工业软件基金等市场化、多元化经费投入机制，引入风投、创投等资金推动企业创新，由社会资本参与工业软件产业发展，支持企业通过海外并购、上市融资等做强做大。

3.6.3　构建产业生态链的建议

1. 以统筹应用市场作为构建产业生态链的切入点

紧紧抓住应用市场这个"牛鼻子"，统筹各类应用市场，形成强大的市场牵引能力。基于我国比较完备的工业体系，发挥我国大国大市场、大国大工程的优势，充分释放我国快速发展中涌现的众多重大工程对设计仿真软件的需求。

2. 以产用协同科技攻关枢纽为构建产业生态链的抓手

以应用单位的实际工程需求为导向，构建以商业化软件自主研发企业为主体的产用协同科技攻关枢纽，汇聚各类资源投放，形成研发与应用的闭环迭代，提升工业软件的互操作性、开放性，推动软件产品化、市场化、体系化。

3. 通过实际产品项目引入"学"和"研"

鼓励通过软件企业的产品和项目吸引"学"和"研"的加入，使"学"和"研"成为研发人才培养、产品和需求驱动的核心技术，以及算法模型攻关的主体。

4. 将第三方机构作为构建产业生态链的桥梁和黏合剂

发挥第三方机构在组织产用对接、资源汇聚、协同攻关、标准制定、宣传引导等方面的作用，形成以产品化和市场化为导向的健康产业环境。

　　打造具有循环造血功能的产业生态链对当下发展以设计仿真软件为代表的工业软件产业意义重大。协作是未来的价值，联营是未来的结构，共生共赢是未来竞争的根基。产业生态链的打造不是单打独斗，需要统筹好各方资源，产用协同、产融互动、优势互补、相互补位，打通"主动脉"，疏通小循环，营造大生态。

第 4 章

寻路工业软件：
企业成长路上的加速器

企业是市场主体，是发展工业软件的关键，只有企业强才有"强"软件。本章以典型工业软件企业的成长为例进行分析，并介绍工业软件企业成长路上的并购与投融资这两个加速器。

4.1　典型工业软件企业成长分析

达索系统是全球知名的工业软件巨头，其成长壮大的历程具有代表性。下面以达索系统为例，分析工业软件企业的成长路径。

4.1.1　达索系统简介

达索系统是总部位于法国的全球工业软件巨头，从事 3D 设计软件、3D 数字化实体模型和产品生命周期管理解决方案开发，为航空、汽车、机械、电子等行业提供软件系统服务及技术支持。达索系统由法国达索航空成立于 1981 年。法国达索航空是世界著名的航空工业企业，其产品如幻影 2000 非常有名。

达索系统以其开发的 CATIA 发家起势、声名鹊起——在很长一段时间，CATIA 几乎是达索系统的代名词。CATIA 是世界知名的 CAD/CAE/CAM 一体化软件，它的功能涵盖了从概念设计、工业设计、三维建模、分析计算、动态模拟与仿真、工程图的生成到生产加工成产品的全过程。CATIA 已经几乎成为三维 CAD/CAM 领域的一面旗帜和争相遵从的标准，特别是在航空航天、汽车及摩托车领域，CATIA 一直居统治地位。

达索系统目前以 **3DEXPERIENCE** 平台为基础，提供 3D 设计、工程、建模、仿真、数据管理和流程管理等产品和服务，形成"平台+软件"的产品罗盘矩阵，主要产品包括：3D 设计虚拟产品的 CATIA 方案，进行三维机械设计的 SolidWorks 方案，提供虚拟生产的 DELMIA 方案，进行科学计算和工程仿真的 SIMULIA 方案，进行全球协作周期管理的 ENOVIA 方案等。

4.1.2　达索系统发展路径分析

达索系统历经了肇始萌芽、初期发展、走向成熟、臻于完善、开创融合五个阶段，其发展历程的重要节点如图 4-1 所示。

回顾达索系统的发展历程，其发展路径可以从战略、并购、营销、拓展、推广、体制、机制、生态等方面分析。

1. 战略路径：3D 理念创新引领产品研发，数字化平台策略实现从工具创新到模式创新的转变

达索系统以 CATIA 为基础与核心，从战略愿景的高度进行部署，先后倡导了 3D for all、See what you mean、Life like experience、Product in life 等理念。在这些超前理念的引领下，达索系统的产品战略导向沿着"3D 设计→3D 数字样机→3D 产品全生命周期管理→3DEXPERIENCE"的路径演进（见图 4-2）。

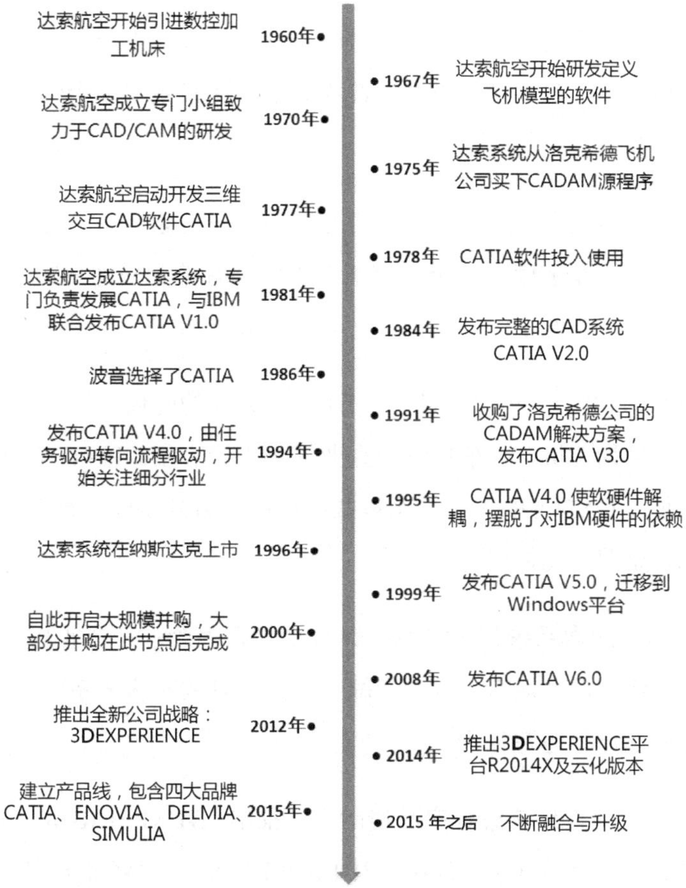

达索航空开始引进数控加工机床　1960年●

● 1967年　达索航空开始研发定义飞机模型的软件

达索航空成立专门小组致力于CAD/CAM的研发　1970年●

● 1975年　达索系统从洛克希德飞机公司买下CADAM源程序

达索航空启动开发三维交互CAD软件CATIA　1977年●

● 1978年　CATIA软件投入使用

达索航空成立达索系统，专门负责发展CATIA，与IBM联合发布CATIA V1.0　1981年●

● 1984年　发布完整的CAD系统CATIA V2.0

波音选择了CATIA　1986年●

● 1991年　收购了洛克希德公司的CADAM解决方案，发布CATIA V3.0

发布CATIA V4.0，由任务驱动转向流程驱动，开始关注细分行业　1994年●

● 1995年　CATIA V4.0 使软硬件解耦，摆脱了对IBM硬件的依赖

达索系统在纳斯达克上市　1996年●

● 1999年　发布CATIA V5.0，迁移到Windows平台

自此开启大规模并购，大部分并购在此节点后完成　2000年●

● 2008年　发布CATIA V6.0

推出全新公司战略：3DEXPERIENCE　2012年●

● 2014年　推出3DEXPERIENCE平台R2014X及云化版本

建立产品线，包含四大品牌CATIA、ENOVIA、DELMIA、SIMULIA　2015年●

● 2015 年之后　不断融合与升级

图 4-1　达索系统发展历程的重要节点

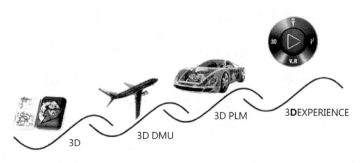

3D

3D DMU

3D PLM

3DEXPERIENCE

图 4-2　达索系统的产品演进路径

随之，所有的技术研发以产品战略为导向，进行纵深拓展，铸就了深厚的技术底蕴和极高的技术壁垒。简而言之，达索系统理念领先、战略领先、技术领先。

1981 年，为配合达索航空幻影飞机的研发，达索系统应运而生。航空航天领域在设计复杂度、安全性等诸多方面都有着近乎完美的苛刻要求，因此，达索系统在诞生之初就建立了极高的技术壁垒。

20 世纪 80 年代，在"3D"一词还不为人知的时候，达索系统就开始运用三维技术为飞机、汽车行业的企业提供设计方案。1994 年，达索系统支持波音通过 CATIA 的三维技术以数字样机的方式实现"所见即所得"，完成第一架无图纸飞机设计。

1999 年，达索系统提出产品生命周期管理理念——企业从产品设计、生产到交付使用后的运营、维护，每一步都可以依靠达索系统的技术方案来进行仿真设计和追踪管理。

2012 年，达索系统进行产品线融合，推出 3DEXPERIENCE 平台，并积极从 CAD/CAM 向 CAE 延展。3DEXPERIENCE 已经脱开了传统 PLM 概念框架，而更加聚焦于协同，包括市场、研发、制造、供应链、客户、企业运营。之后，达索系统推出云化版本的 3DEXPERIENCE 平台。

在 3DEXPERIENCE 战略下，达索系统实现了从工具创新到模式创新的转变。产品、品牌、平台的相连，能够给客户提供从设计端到制造端的解决方案。一方面，这一产品为达索系统实现从一家传统 PLM 工具软件系统提供商向科技公司转型提供了必要的产品准备；另一方面，通过这一产品，达索系统事实上也对多年来在制造行业总结的行业规律进行了更进一步的提炼，使其更具有普遍的价值规律，从而为达索系统将客户范围从传统的制造业向更多的领域拓展提供了充分的能力准备。

综上，我们可以将达索系统的发展分为如下两个阶段。

1977 年—2000 年，以 CAD 起家，到 2000 年通过一系列并购成长为 CAD/CAM/CAE/PLM 产品全生命周期完整工具链供应商。

2000 年至今，通过一系列并购打造全系统、全流程、全领域、虚拟结合的全数字化研发平台。3DEXPERIENCE 是系统级研发平台的集中体现。

2. 并购路径：依据发展路线，运用资本手段快速推进转型与战略布局

达索系统的并购路线就是其成长路线与战略布局的缩影。并购是达索系统壮大过程中非常重要的一环。通过"买买买"的方式将工业软件企业招至麾下是快速进入和打造自有工业软件体系最为快捷的路径。可以说，工业软件企业的并购史就是工业软件企业的成长史。达索系统的并购不是盲目的，而是根据自身的战略推进的，通过并购快速完善纵深的产品线与横向的战略布局。

从整体上看，达索系统的并购早期从单纯的三维 CAD 设计走向三维 CAD/CAM/CAPP 设计制造一体化，从单纯的设计软件走向设计和管理 CAD/CAM/CAPP/PLM 一体化软件，从三维结构设计走向结构、功能性能（CAE）及系统行为（系统仿真）多维度设计与仿真一体化平台，进一步发展为全流程（设计、仿真、制造、运维）、全系统（部件仿真/设计、系统仿真/设计）、全领域（航空、汽车、船舶等）的研发管理一体化、虚实融合一体化的全生命周期数字化、网络化协同研发与管理平台。达索系统在每次并购之后，都会在一段时间内保持品牌的独立运营——通过一段时间的磨合，待时机成熟便开展多系统整合。达索系统历年并购详细情况如表 4-1 所示。

表 4-1 达索系统历年并购详细情况

序号	时 间	并 购 对 象	备 注
1	1975 年	CADAM 源程序	开发三维交互 CAD 软件 CATIA 的基础
2	1992 年	CADAM 产品线	管理 CADAM
3	1997 年	SolidWorks	3D 设计软件
4	1997 年	Deneb	精益制造布局仿真软件
5	1998 年	IBM PDM 资产	创建 ENOVIA 品牌，与 IBM 合作从事第二代产品数据管理系统 PDM II 的开发和经营
6	1998 年	MATRA	丰富 CAD/CAM 业务，包括 Euclid/Styler、Machinist、Cisigraph/Strim100 和 StrimFlow 等
7	1999 年	投资 Invention Machine	从事知识创新软件的合作开发经营
8	1999 年	Smart Solutions	增强 PDM 工作流方面的专业技术实力
9	2000 年	Deneb Robotis	与 DELMIA 整合在一起，创建 DELMIA 品牌，提供数字企业精益制造交互式应用，涵盖机器人学、人体工程和流程规划领域
10	2000 年	Safework	
11	2000 年	EAI-DELTA	
12	2000 年	Spatial Technologies	3D 软件组件的领先开发商，是 ACIS 3D 图形系统的开发商
13	2001 年	SRAC	结构研究和分析公司
14	2001 年	Alliance Commercial Tecnologies 公司的咨询服务部门	加强 PLM 咨询和服务工程能力
15	2002 年	KTI	加速知识工程开发能力
16	2002 年	Design Source	PDM 产品
17	2002 年	Geometric	联合创建 3D PLM 解决方案公司
18	2003 年	Athys	增强工作单元控制软件能力
19	2004 年	RAND 公司欧洲和北美面向中小企业的 PLM 销售渠道	增加 PLM 能力与渠道
20	2005 年	Virtools	虚拟现实系统开发平台
21	2005 年	ABAQUS	创建 SIMULIA 品牌，建立功能仿真的核心平台
22	2006 年	Dynasim AB	Dynasim AB 是瑞典的工程仿真环境开发商，创始人 Hilding Elmqvist 博士是 Modelica 建模语言的开山祖师；增强工程仿真环境开发能力

续表

序号	时　间	并 购 对 象	备　　注
23	2006 年	MatrixOne	并入 ENOVIA 品牌。ENOVIA MatrixOne 的定位是管理复杂的产品研发流程，在研发阶段实现对产品成本的有效控制
24	2007 年	ICEM	汽车 A 级表面设计和工业设计专业技术领域的公认领导者，增强在汽车领域的设计能力
25	2007 年	Seemage	整合 Virtools 产品，开创 3DVIA Composer 产品线，在浏览器上实现高质量的交互
26	2008 年	ENGINEOUS	集成设计和多学科优化软件 Isight 的开发商，增强了 SIMULIA 品牌在仿真生命周期（SLM）对数据、过程、工具和知识产权集成优化的能力
27	2010 年	Exalead	面向市场的搜索引擎应用平台企业，拥有信息搜索、非结构化数据分析和自然语言处理等领域的世界级专业技术实力
28	2010 年	IBM Systemes PLM 软件业务	还将收购该公司所拥有的客户合约及相关的其他资产
29	2011 年	Intercim	MES 系统开发商，具备质量控制和流程分析等功能，涵盖了复合材料加工、装配、维修和维护等过程
30	2011 年	Enguinity PLM	扩大了 ENOVIA 基于公式计算的行业产品组合
31	2011 年	GreenSoft	领先的嵌入式系统开发平台供应商
32	2011 年	Simulayt	全球顶尖的复合型模拟和先进曲面模拟技术供应商，带来了经过验证的可制造性模拟技术
33	2012 年	Netvibes	专注于信息的聚合阅读，能够为用户创建易于使用的个性化主页
34	2012 年	Gemcom	地质建模和仿真公司
35	2013 年	FE Design	产品开发前端的设计优化解决方案开发商，拥有结构和流体领域无参数优化解决方案
36	2013 年	Safe Technology	疲劳仿真技术的领导者，提供产品耐久性预测解决方案
37	2013 年	Simpoe	塑料注塑仿真技术的领导者
38	2013 年	Apriso	企业运营系统方案供应商。达索系统计划将 Apriso 整合进 DELMIA 产品线，扩展 3DEXPERIENCE 平台的虚拟现实能力，形成设计、工程、制造和客户体验之间的闭环

序号	时 间	并 购 对 象	备 注
39	2014 年	Accelrys	创建 BIOVIA 品牌。基于达索系统 3DEXPERIENCE 平台的 BIOVIA，为企业提供在科学、生物、化学和材料方面的全新设计体验，以及新一代应用、服务和内容访问与交付，充分发挥达索系统 3DEXPERIENCE 平台的优势
40	2014 年	SIMPACK	多体仿真方面的领导企业
41	2014 年	Quintiq	被业内顶尖工业分析师誉为市场领袖，其产品包括生产、物流和人力规划应用软件
42	2014 年	RTT	提升专业高端 3D 可视化软件、营销解决方案、计算机生成图像服务供应能力
43	2015 年	Modelon	基于 Modelica 开放式标准建模语言创建专有的、多物理的、模块化的、可复用的内容，能够实现从数字样机到功能样机的升级，从而推动互联汽车的工程和试验变革
44	2016 年	Ortems	提供生产调度决策支持工具
45	2016 年	CST	创立了为客户提供 3D 在线室内装饰设计产品的 3DVIA Home 品牌，面向成品家具商和软装服务商的 3DVIA ByMe 品牌
46	2016 年	Next Limit Dynamics	全球高度动态流体场仿真领域的领导者，其解决方案适用于航空航天、交通运输与汽车、高科技、能源等行业。此次并购有助于强化达索系统 3DEXPERIENCE 平台行业解决方案中的多物理场仿真能力，并在计算流体动力学市场中占据战略性地位
47	2017 年	AITAC	一家开展船舶与海洋工程设计软件业务的荷兰公司，此次并购有利于达索系统提高在船舶领域的工业设计能力
48	2017 年	Exa	Exa 的产品目录囊括了 Power FLOW 仿真引擎、全自动流体网格生成引擎、几何表面网格准备工具、高级仿真分析和快速更改几何设计软件
49	2017 年	No Magic	增强基于模型的系统工程和软件架构&业务流程建模解决方案能力
50	2018 年	IQMS	世界领先的企业资源规划软件公司，此次并购有利于达索系统进一步扩展 3DEXPERIENCE 平台，为相关制造商提供运营系统

续表

序号	时　间	并购对象	备　注
51	2019 年	Trace Software International	收购 Trace Software International 的 elecworks 电气设计和自动化这一产品线及知识产权，简化并推动达索系统在 3DEXPERIENCE 平台上开发机电一体化解决方案
52	2019 年	ExecuJet	收购 ExecuJet 公司全球 MRO 业务部门
53	2019 年	Medidata	收购健康管理软件，管理医院后台操作和数据，并进行分析，进而进入医药行业
54	2019 年	COSMOlogic	流体热力学计算模拟软件公司，为客户快速准确地预测流体的热力学性质，满足材料和生命科学领域客户的需求
55	2020 年	NuoDB	基于云的分布式 SQL 数据库，为 3DEXPERIENCE 平台在云原生环境下提供技术支持
56	2020 年	AVSimulation	所提供的 SCANeR 是一个模块化和开放的仿真软件平台，可用于自动驾驶汽车的原型设计、开发、验证和人工智能培训
57	2020 年	Proxem	Proxem 是以人工智能为基础的信息语义处理软件公司，提供客户体验分析解决方案。收购 Proxem 是达索系统人工智能战略布局的关键一步，可以增强 3DEXPERIENCE 平台的协作数据科学功能
58	2022 年	SCILAB	科学工程计算软件
59	2022 年	Diota	一家数字孪生解决方案提供商，为数字辅助操作和数字机器人检测提供软件解决方案，以扩展其 3DEXPERIENCE 平台业务和现场 VR 业务

3. 营销路径：售前借助 IBM 庞大的渠道营销网络，售后由 IBM 提供技术支持与服务

达索系统与 IBM 在产品销售与售后服务方面的合作为达索系统的发展壮大起到了不可替代的作用，是其基本动力之一。

从产品销售看，达索系统在初创时期就和当时的 IT 巨头 IBM 建立伙伴关系，双方签署了一份非排他性的 50/50 收益分成协议，其中 CATIA 将

作为 IBM 的产品与其大型计算机和图形终端一起销售，由 IBM 销售并推广 CATIA 系统解决方案。达索系统初期几乎没有销售人员，不知道如何销售和支持软件产品，也没有销售渠道，但与全球的竞争对手竞争，仅靠自身的能力和经验难以在短期内建立一个营销组织并生存下去。达索航空是 IBM 最大的法国客户之一，在 20 世纪 80 年代早期，IBM 是计算机行业的全球领导者，占有超过 80% 的市场份额。那是大型计算机的鼎盛时期，没有个人电脑，没有微软。与 IBM 合作，相当于为达索系统的产品贴上了金字招牌——客户很难在没有 IBM 这样的大公司参与的情况下接受其业务转型。1998 年，IBM 进一步承接了达索系统 PLM 软件包的销售，之后达索系统也一直坚持依靠渠道营销，这与其他的高端 PLM 公司完全不同。在渠道营销这个生态系统中，全球为达索系统服务的人员总数相当于达索系统总员工人数的 9 倍。这种独特的渠道营销模式无疑对达索系统是非常有帮助的，使达索系统能够更多地关注技术和提升产品的性能。

从售后服务看，IBM 作为全球最大的计算机信息系统企业，以其强大的技术支持力量、久负盛名的售后服务，帮助众多的 CATIA 客户取得成功。IBM 工程技术解决方案部是一支具有丰富经验的 CATIA 全球专业技术支持队伍。这支队伍拥有 1000 多名工程师，他们在对全球客户进行支持的同时，也将各行各业的需求和经验反馈给 CATIA 的开发部门，使 CATIA 能够迅速地推出满足客户今天和未来需求的优秀产品。

达索系统与 IBM 的这种合作方式充分发挥了各自的优势——达索系统专注于产品的研发，IBM 提供销售渠道与良好的售后服务，强强联合。

2009 年年底，达索系统收购了致力于其解决方案的 IBM 销售团队，建立了自己的营销渠道。达索系统的渠道业务线主要分为 BT（Business Transformation，业务转型）、VS（Value Solution，价值解决方案）和 PC

（Professional Channel，专业渠道）三大团队。其中，VS 团队由庞大的渠道点组成，渠道点按照行业（包括 12 个大行业及 60 多个子行业）来进行发散与聚焦，即不同的点定位于不同的行业，每个点在所专注的行业为客户提供有价值的服务。

4. 拓展路径：从达索航空内部工具走向对外商业化产品，从航空行业专用拓展到全行业通用

CATIA 发展过程中有两个重要拓展。第一个是在 CATIA 发展早期，CATIA 曾面临一个生死攸关的选择：是把产品留在达索航空内部，利用它在飞机制造行业竞争中获得优势，还是把它变成达索航空的一项新业务，对外销售？

选择第一个选项，CATIA 将成为达索航空的"独门武器"，在短期内将提升达索航空在飞机制造行业的竞争力，毕竟公司当时的主业是制造飞机，CATIA 只是为此服务的工具。选择第二个选项，CATIA 将作为产品销售给其他公司，那么，达索航空的竞争对手也可以使用 CATIA，收入多少不可知。

回头来看，我们不由得佩服达索航空决策者的远见卓识。事实上，第一个选项是死路一条。数百个开发人员仅为一家公司开发必要的功能所需的成本过高。当 CAD/CAM 软件市场足够成熟时，达索航空必然会用另一种市场上可购买的产品替换 CATIA。当时有两个潜在的 CATIA 竞争对手因为选择第一个选项而错过了发展时机。

达索航空选择了第二个选项，创建了一家新公司来开发和销售 CATIA。这样，CATIA 从达索航空内部的一个工具变成了对外销售的产品，并且成立了一家独立的公司来进行商业化生产运作。

CATIA 的又一次重要拓展是从航空行业向汽车等其他行业延伸。

达索系统脱胎于达索航空，对航空行业非常熟悉，但对汽车行业的了解非常少，尤其对汽车行业的内部流程所知甚少。本田、奔驰和宝马都成立了内部团队来研究 3D 的价值和实现方法。达索系统与这些团队开展了合作，向他们传达了 3D 的价值，同时也了解了他们的车身设计内部流程等行业知识，引导他们在车身设计中部署 CATIA，这样就扩展了合作伙伴关系，逐步解决了所有的汽车工艺问题。通过这样的方式将 CATIA 从航空行业迁移到汽车等其他行业，CATIA 实现了"跨行业、跨领域"，逐渐成为各个行业的通用软件，其积累的行业知识进一步丰富了软件功能，提升了软件价值。

5. 推广路径：大公司将 CATIA 运用于最新机型研制，形成示范标杆，带动后续产品推广

达索系统的产品除了达索航空使用，还销售给其他飞机制造商。其中与波音的合作堪称互相成就的典范，波音将最新产品在大型制造业企业进行创新应用，建立示范标杆，通过"高举高打"营造了达索系统在业界的影响力。

达索系统与波音的重要合作历程如图 4-3 所示。

一方面，波音基于达索系统的 CATIA 等系列软件加快了飞机的研发；另一方面，波音为 CATIA 的改进提供了重要支撑，同时，通过使用 CATIA 创造业界的数个创新，为 CATIA 打了广告。

这里不得不提到中国，中国企业在使用 CATIA 新型号产品的过程中，帮助其发现并完善了诸多问题，促使其软件进一步优化。

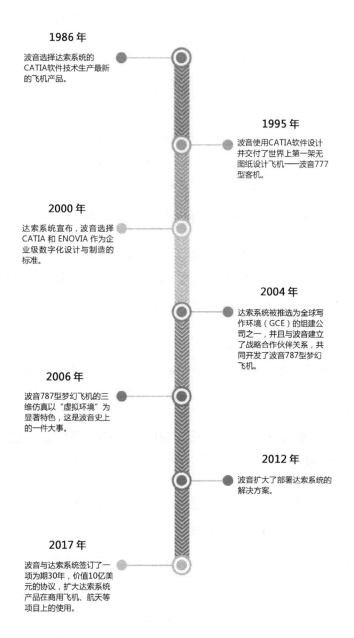

1986 年

波音选择达索系统的CATIA软件技术生产最新的飞机产品。

1995 年

波音使用CATIA软件设计并交付了世界上第一架无图纸设计飞机——波音777型客机。

2000 年

达索系统宣布，波音选择CATIA 和 ENOVIA 作为企业级数字化设计与制造的标准。

2004 年

达索系统被推选为全球写作环境（GCE）的组建公司之一，并且与波音建立了战略合作伙伴关系，共同开发了波音787型梦幻飞机。

2006 年

波音787型梦幻飞机的三维仿真以"虚拟环境"为显著特色，这是波音史上的一件大事。

2012 年

波音扩大了部署达索系统的解决方案。

2017 年

波音与达索系统签订了一项为期30年，价值10亿美元的协议，扩大达索系统产品在商用飞机、航天等项目上的使用。

图 4-3　达索系统与波音的重要合作历程

167

6. 体制路径：需求者、开发者、使用者的统一，制造业企业分离出软件企业

"工业软件是用出来的"，CATIA 诞生于幻影飞机的研制过程中，并一直在达索航空的主导下发展，达索航空既是需求者、使用者，又是开发者。达索系统是从达索航空这样一家高端的制造业企业分离出来的工业软件企业，天生自带"工业基因"。工业软件的研发需要大量的资金与各种资源投入，达索系统背靠达索航空，有着丰富的资金资源与工业人才资源。这些为 CATIA 与达索公司的初期发展提供了良好的基础。

1989 年，洛克希德·马丁公司因开发新型战斗机缺少资金，决定出售自主开发的 CADAM。IBM 花费巨资并购 CADAM，但是因为脱离工业背景支撑，IBM 很快就将 CADAM 交予达索系统托管，并专注于在全球销售达索系统的工业软件。

CATIA 的成功发展历程说明，世界一流的工业软件需要基于高端工业的孕育。

7. 机制路径：坚持"技术为王"，高度重视研发，营造鼓励创新、不怕犯错的文化氛围

机制和文化是发展工业软件更深层的资源。人才可以挖、技术可以买，唯有机制和文化无法用"钱"解决。

从机制上看，达索系统坚持"技术为王"，高度重视研发。达索系统是一个一贯以技术为主导的企业。在达索系统发展将近 40 年的过程中，达索系统多次做到率先将新技术引入市场，服务于研发设计、生产制造。达索系统非常重视技术的积累，即使并购企业，达索系统也是基于技术因素而非客户。达索系统 2018 年的企业年报显示：2018 年，达索系统的员工

总数为 16055 人，其中研发人员达 6632 人，约占总员工数的 41%；达索系统用于研发的费用为 6.311 亿欧元，约占其总收入的 18.2%，远高于一般企业。

从文化上看，长期以来，达索系统一直是"创新"的同义词。它采取了各种措施，鼓励开拓性的思维。达索系统允许研究人员利用全部时间做同样的事情。达索系统在内部推行了一项名为"创新激情"的公益企业计划，使其尖端的 3D 技术能够为研究人员和发明人员所用，通过 3D 的仿真、建模及在虚拟三维世界中的验证，去解决或探索目前人类所面临的一些问题，或者将某个领域的研究推向新高度。正是这种鼓励创新、不怕犯错的文化，使达索系统一次又一次提出领先业界的理念。

8. 生态路径：封闭与开放并重，形成"点—线—面—体"立体化的生态

生态系统互补的做法被越来越多的企业所接受。一般认为，生态系统既包括上下游的合作伙伴、客户，也包括竞争友商。在一个愈发开放的产业环境中，想要一家独大几乎不可能，有时候与"对手"合作可能是一种明智的做法。

达索系统在功能覆盖、技术、客户支持、研究或销售方面，不仅用自己的资源，而且利用合作伙伴来扩展和加强优势，逐步与数百个合作伙伴建立了一个生态系统。

在技术产品方面，达索系统遵循"封闭与开放并重"的发展路径。一方面，达索系统通过持续的技术研发与并购建立起了坚实的"护城河"与完整的封闭产品体系，对于核心技术、要素、环节，达索系统坚持自有。另一方面，达索系统遵循开放理念，达索系统的 **3DEXPERIENCE** 被定位

为平台，该平台并不是要把所有其他软件都挤掉，而是让其他软件都可以在达索系统打造的环境中去运作。以 SIMILIA 为例，其对数据流程的管理对于整个环境来讲都是开放的，让其他竞争友商都能够参与技术的融合和社交协同的融合。当然实际效果见仁见智。

在合作伙伴方面，达索系统提供的是一个平台，基于该平台将每个合作伙伴和用户"串"在一起，形成共赢的价值链；众多的、跨行业的合作伙伴形成生态圈，相互之间有交流、有沟通、有协作，通过平台将相关方进行立体式聚合黏连，建立起"点—线—面—体"的生态体系。

4.1.3 成功经验小结

从达索系统的发展可以看出，决策人的远见卓识使达索系统走对了开始的几步，为后来的成功奠定了基础。达索系统的成功离不开以下几点：脱胎于达索航空，天生行业基因，加之雄厚财力支持；商业化运营，选对"战场"，进行差异化竞争，与 IBM 合作共赢；领先的战略规划，坚实的技术基础；持续并购实现多元化壮大，构建生态体系，实现攻守自如。

我们不能忽视法国政府的支持对达索系统发展起到的重要作用，法国政府对达索系统的支持很多是"只做不说"的，本书不展开来讲。

4.2 工业软件企业并购分析

回顾世界工业软件巨头的发展历程，我们可以看出并购是企业发展壮大非常重要的一环。企业并购是工业软件企业特别是行业巨头近几十年来发展的主旋律。可以说，工业软件巨头的并购史就是一部企业成长史。

4.2.1　工业软件企业并购的"史"与"时"

1. 工业软件企业并购历史回顾

这里通过几家知名工业软件企业的并购成长情况看工业软件波澜壮阔的并购史。

达索系统通过 50 多次的并购从单纯的三维 CAD 设计软件一步步发展为全流程、全系统、全领域的研发管理一体化、虚实融合一体化的全生命周期数字化、网络化协同研发与管理平台，成为航空航天、汽车及摩托车领域的一面旗帜和争相遵从的标准。

ANSYS 通过 20 多次的并购从单一的结构分析软件一步步发展为融合结构、流体、电场、磁场、声场和耦合场于一体的大型仿真分析软件，广泛应用于核工业、铁道、石油化工、航空航天、机械制造、能源、汽车交通、电子、土木工程、造船、生物医学等多个行业，成为 CAE 软件的 NO.1。

西门子通过 20 多次的并购从一家机械自动化的硬件公司变身为世界十大软件公司之一，2014 年成为数字化工厂集团，并推出工业互联网平台——MindSphere，意欲将其打造成工业新中枢。西门子的软件已经涵盖设计、分析、制造、数据管理、机器人自动化、检测、逆向工程、云计算和大数据等领域。

从国内企业看，中望软件并购美国三维 CAD 软件公司 VX 的技术及研发团队，是国内企业通过并购实现重大发展的典范。通过并购，VX 的 CAD/CAM 全球知识产权归属中望软件，其研发团队集体加入中望软件，中望软件美国子公司也在美国佛罗里达州正式成立。特别是其拥有了三维

CAD 软件的混合建模内核 Overdrive，标志着中国工业软件企业在三维 CAD 软件领域拥有了底层关键技术的雏形。正是通过整合 VX 的三维 CAD 内核及技术，把美国先进的软件系统架构能力与中国的人力资源优势相结合，中望软件随后推出了第一款三维 CAD 软件——并购 VX 让中望软件如脚踏青云，一步跨入三维 CAD 的世界。

这些企业的并购都不是盲目进行的，而是根据自身的战略推进的——运用资本手段通过并购快速完善了纵深的产品线与横向的战略布局，乃至实现企业转型。

并购可以简单分为两类：一类是工业软件企业如"大鱼吃小鱼"般不断并购其他工业软件公司，成为工业软件巨头，如达索系统、ANSYS、PTC、ESI 集团、欧特克等；另一类是工业巨头并购工业软件公司，不断提升自身的工业软件整体解决方案能力，植入软件基因，变身为软硬一体的巨头，如西门子、海克斯康、施耐德电气等。

2. 当前企业并购动向与态势

行业巨头之所以是巨头，是因为其在关键时刻能够引领行业的方向，改变行业的发展方式。近年来的种种并购迹象表明，行业巨头们都在大搞跨界与融合，行业的发展需要更加综合的解决方案。下面回顾近年来工业软件企业并购的情况，一窥产业发展"全豹"，把脉工业软件发展的最新态势。

从国际上看，知名工业软件企业近年来围绕各自发展战略持续开展并购，进行业务布局。

达索系统并购 No Magic，通过基于模型的系统工程来强化对工程设计的全局优化，从而加强 CATIA 解决方案的能力；并购全球十大 ERP 企业之一的 IQMS，将 **3DEXPERIENCE** 平台扩展到制造业企业的业务运营，提升为中小企业提供云端服务管理的能力，实现 PLM-MES-ERP 的全周期覆盖；并购流体热力学计算的软件商 COSMOlogic，丰富了 BIOVIA 品牌下软件的仿真功能；并购美国医疗管理软件公司 Medidata，通过为生命科学行业提供集成的业务体验平台，进军生命科学领域，巩固其作为科学公司的地位。这一系列并购是达索系统平台战略的延续，**3DEXPERIENCE** 正是达索系统的未来。这意味着商业模式的更新，制造即服务、体验经济是这一理念的核心。这也是达索系统致力于行业扩展，并将前期的设计、后期的制造直接打通的动机。

PTC 并购增强现实（Augmented Reality，AR）领域的初创公司 Waypoint Labs，为工业设施提供实时的交互式培训环境，增强在工业 AR 领域的能力，通过 AR 编程推进价值驱动的 AR 体验；并购创成式设计公司 Frustum，在其核心 CAD 软件产品组合中添加 Frustum 的 AI 驱动的生成设计工具，向智能设计软件演进，提升其 CAD 的竞争力；同时与 ANSYS 进行战略合作，发布 Creo Simulation Live，旨在帮助设计师利用 ANSYS 技术快速洞察仿真结果，加速产品迭代创新。这一系列并购与战略合作是 PTC 应对 CAD 与 CAE 的日渐一体化趋势，在 CAD 做强及扩展 CAD 应用前景与范围的战略体现。PTC 近年来分别并购了 SaaS CAD 产品 Onshape、SaaS PLM 产品 Arena Solutions、ALM SaaS 系统提供商 Intland 和现场服务管理（FSM）的 SaaS 软件提供商 ServiceMax，继续增强 PTC 现有的全生命周期解决方案的能力，进一步拓展产品数字主线。PTC 希望能够借助 ThingWorx 的物联网平台，通过 SaaS 的方式，将这些软件作为数据产生的源头，或者作为对数据进行管理、分析的组件，从而利用新的 IT（云计算）、新的软件应用形态（SaaS）延续以往在软件时代验证过的、符合工业企业要求的产品框架和功能。

ANSYS 并购芯片系统电磁串扰解决方案供应商 Helic，进一步巩固其在电源完整性噪声分析领域的领先地位，满足 5G、AI 和云计算领域的市场需求；并购材料信息技术供应商 Granta Design，有助于将 ANSYS 的产品组合扩展到重要领域，为客户提供各种重要的材料数据信息，使客户能够访问 Granta Design 丰富的材料智能数据库，以及市场领先的材料和管理解决方案；并购基于物理的光学仿真供应商 OPTIS，在该并购达成后，为 ANSYS 的工具栏新增可视、红外线、电磁学及音效等功能，同时 ANSYS 还将获得 OPTIS 虚拟现实与模拟平台。这些并购战略的达成，推动 ANSYS 完成了多物理场光学领域的布局，助其更好地实现全面仿真的理念；拓展其物联网业务；通过提供自动驾驶汽车仿真工具，虚拟再现自动驾驶汽车激光雷达在现实中的应用，有助于自动驾驶技术的研发。此外，ANSYS 并购显式动力学和其他高级有限元分析技术的领先供应商 LSTC、自动化设计可靠性分析软件 Sherlock 开发商 DfR Solutions、光子设计与仿真工具开发商 Lumerical、航天数据服务提供商 AGI、高性能光学成像系统仿真领域提供商 Zemax、轨道热分析解决方案提供商 Cullimore and Ring Technologies、仿真流程整合及设计优化技术供应商 Dynardo、基于模型系统工程的软件提供商 Phoenix Integration、汽车仿真解决方案提供商 DYNAmore，以进一步完善 ANSYS 自身的仿真体系。

西门子接连并购芬兰物联网模块芯片射频测试软件 Sarokal、德国电气系统设计公司 COMSA，将二者纳入 2016 年并购的全球三大电子设计自动化软件 EDA 之一的 Mentor Graphics 旗下。这一系列并购反映出西门子试图重新打通机械设计与电子设计的战略目标，也是其对传统机械设计与仿真的 CAD/CAM/CAE 软件、电子设计自动化软件 EDA，以及与其他软件（如 MES、HMI 等）融合发展的趋势判断。并购 EDA 布局与绕线工具开发商 Avatar Integrated Systems 和系统级芯片检测、分析、安全解决方案提供商 UltraSoC，反映其不断在 EDA 芯片设计领域"筑城"。此外，西门子并购了专门从事 3D 渲染软件开发和虚拟现实体验制作的计算机软件与技术授权公司 Lightwork Design。Lightwork Design 的产品将与西门子现有的 PLM Components 业务相结合，致力于继续为可视化，以及渲染和虚拟现实的 3D 数据预处理提供软件工具包，为西门子增加了"鹰眼"，从而帮助西门子在独立软件技术授权方面保持市场领先地位。这也反映出其对可视化和虚拟现实领域，以及数字孪生发展的关切。西门子 Xcelerator 将多款已收购的软件产品组合与嵌入式开发工具和数据库集成，实现了信息技术、运营技术和工程技术环境的连接，用于电子和机械设计、系统仿真、制造、运营和产品生命周期分析。作为西门子数字化工业软件技术的基础，Xcelerator 可以实现产品生命周期管理、电子设计自动化、应用程序生命周期管理、制造运营管理、嵌入式软件和物联网等多种应用解决方案。这一点与 PTC 的战略是非常相似的。

欧特克完成了对软件开发公司汉略信息的并购。凭借这次并购，欧特克在中国建立了一个拥有 1500 名工程师的研究院；并购 Assemble Systems 增加了规划和运行建筑项目，以及设计人员和工作网络的建筑信息管理能力；以 8.75 亿美元并购建筑蓝图管理应用 PlanGrid，实现将纸质的建筑设计图转移到 iPad 等移动端；以 2.75 亿美元并购建筑软件平台 Building Connected，触及一个由 70 万名建筑相关人员的庞大网络。这些反映了欧特克迫切向建筑软件大举进攻的意愿。欧特克以 2.4 亿美元并购 Spacemaker，后者通过云计算和人工智能技术提供城市及建筑地块的规划、设计和相关分析服务；并购了美国 XR 建筑平台商 The Wild，旨在为建设元宇宙的企业提供服务。欧特克近年来正尝试多项并购以完善整合旗下的工程和制造业务。

海克斯康在 2017 年并购了 CAE 公司 MSC，表明软件公司必须与大型工业企业携手在数字化设计方面转型。海克斯康将实际生产环境中的测量数据与仿真分析紧密结合，提供高附加值的产品和服务——仅靠卖软件就能发展得很好的时代已经一去不复返了。此外，海克斯康近年来并购了比利时 CAD 软件商 Bricsys，将业务范围扩大到了建筑设计领域；并购全球齿轮箱、轴承及机械传动系统精确仿真技术行业先驱——英国 Romax 公司。同时，海克斯康接连并购质量管理软件商 Q-DAS（计量数据统计分析）、eMMA（用 3D 显示零件测量数据）、ETQ（QA 流程管理），丰富质量管理解决方案矩阵，在数字化质量管理领域抢得先机，为其"以质量为核心的智能制造"战略服务。

Altair 并购了基于 GPU 的流体动力学和数值模拟技术的公司 FluiDyna Gmbh，提升空气动力学求解能力。需要注意的是，Altair 此前曾投资过 FluiDyna Gmbh，此番则将其变成子公司。此外，Altair 还并购了致力于全保真 CAD 装配的结构分析软件公司 SIMSOLID Corporation。

工程软件开发商 Bentley Systems 并购岩土工程软件提供商 Plaxis 和土壤工程软件提供商 SoilVision，朝着岩土工程专业人员"迈向数字化"的全面提供商迈进，最终，BIM（Building Information Modeling，建筑信息模型）技术进步可扩展应用于每个基础设施项目的基本地下工程。

至此，我们可以看出，在行业内，一方面，达索系统、欧特克、西门子、PTC 等几家大的工业软件企业在一些细分领域基于版图完善去进行并购整合，接下来将会是一段时间的浪花朵朵，并等待新的突破性技术掀起巨浪，同时不排除出现巨头之间的并购整合（如 Synopsys 宣布收购 ANSYS）；另一方面，工业巨头为了强化自身软件能力不断并购工业软件企业，可能有大的工业软件企业被工业企业并购。

从国内看，国内工业软件企业也逐渐出现并购，部分并购案例如下。

赛意信息收购智能制造数字化运营管理服务商易美科软件。赛意信息通过控股一家重度深耕 PCB 数字智能领域的工业软件产品方案商，进一步布局电子制造行业。通过与易美科软件产品融合、技术支撑、客户渠道共享方式，丰富和提升赛意信息面向更广阔多样化市场客户群的高质量交付能力，实现 PCB 行业从经营管理到制造运营的解决方案垂直一体化打通，将推动公司在 PCB 智能制造的细分赛道上占据优势地位。

工业富联并购鼎捷软件部分股本，成为其最大股东。其将自身数字化工业的整体能力与鼎捷软件在工业软件方面的能力深度结合，提高数字化工业软硬件及各流程数据的整体融合，实现 OT 与 IT 的创新融合，并借助鼎捷软件在软件领域的积累与优势，丰富公司对外赋能技术的能力。

中望软件并购北京博超时代软件有限公司，进一步提升在电力、电网等相关行业的业务拓展能力和技术研发实力；并购英国商业流体仿真软件开发商 CHAM，正式进入商业流体仿真领域，加速打造涵盖结构、电磁、流体在内的多学科多物理场仿真解决方案。

华大九天并购芯达科技，进一步丰富 EDA 工具，补齐数字设计和晶圆制造 EDA 工具短板。芯华章并购瞬曜电子，进行核心技术整合。合见工软先后并购华桑电子、云枢软件、北京诺芮集成电路，致力于打造全流程工具链。

这反映出两个趋势：一是智能制造整体解决方案服务商并购或参股工业软件企业，未来可能会有更多的工业巨头牵手工业软件公司，然后把自己积累的宝贵经验融合到软件里面，反过来给自己赋能；二是工业软件企业，特别是上市的工业软件企业发挥资本市场作用，通过国内或国际并购进一步补全产品战略版图、扩展自身能力边界，未来国内工业软件行业将可能会进一步整合。

能科股份是国内智能制造与智能电气先进技术提供商，并购了以 PLM 为核心、面向智能制造的整体解决方案提供商联宏科技，以加强和提升其在智能制造领域的服务深度，完善其智能制造全产业链，提升其在智能制造系统集成领域的市场占有率和市场竞争优势。

蜂巢互联并购国内 3D 研发设计领域高科技企业新迪数字旗下的工业云服务平台"制造云"。作为中软国际的控股子公司，蜂巢互联此次并购是中软国际整合国内工业软件领域优势资源，探索工业互联网解决方案，打造普惠智造的重要布局。

赛意信息并购智能制造数字化运营管理服务商易美科软件。赛意信息通过控股一家重度深耕印制电路板数字智能领域的工业软件产品方案商，进一步布局电子制造行业。具体来讲，赛意信息与易美科软件通过产品融合、技术支撑、客户渠道共享的方式，提升赛意信息面向更广阔、多样化市场客户群的高质量交付能力，实现 PCB 行业从经营管理到制造运营的解决方案垂直一体化打通，推动公司在 PCB 智能制造的细分赛道上占据优势地位。

工业富联并购鼎捷软件部分股本，成为其最大股东。其将自身数字化工业的整体能力与鼎捷软件在工业软件方面的能力深度结合，提高数字化工业软硬件及各流程数据的整体融合，实现 OT 与 IT 的创新融合，并借助鼎捷软件在软件领域的积累与优势，丰富公司对外赋能技术的能力。

这就反映出国内工业软件企业多为"小、散、弱"，尚缺乏并购的基础与条件，同时也反映了两个趋势：一是工业企业并购或参股工业软件企业，背后是国内智能制造发展迅猛，工业企业软件化步伐加快。未来会有更多的工业巨头牵手工业软件企业，把自己积累的宝贵经验融合到软件里面，反过来给自己赋能；二是大型软件企业并购工业软件企业，背后是普通软件企业向工业领域拓展布局。

4.2.2　工业软件企业并购逻辑分析

为什么工业软件企业的并购在近几十年如此频繁又激烈？这背后的逻辑是什么呢？

1. 工业企业软件化趋势要求进行并购整合

第四次工业革命正蓬勃兴起，以机械为核心的工业正在向软件定义的工业转变。工业软件是第四次工业革命的核心要素。在这一背景下，工业巨头们纷纷将软件实力视为第四次工业革命的关键竞争力，争相变身为"软件企业"，所以不遗余力地并购工业软件企业，不断提升自身的工业软件整体解决方案能力，实现战略转型——变身为软硬一体的巨头。比如，西门子通过多次并购，从一家机械自动化的硬件企业变身为世界十大软件企业之一，软硬一体引领第四次工业革命的方向。再如，海克斯康并不满足于在智能制造、数字化时代仅仅做个仪器销售商，其产品包含的传感器是物理世界和数字世界交汇的通道，能够获得大量的现场数据。海克斯康提出"以质量为核心的智能制造"，通过大量并购软件企业，利用传感器和软件技术，充分发挥数据的价值，成为设计、制造、测试验证全流程的整体解决方案提供商。

2. 工业软件发展规律要求进行并购整合

工业软件得到重新定位，从制造业信息化发展的辅助工具，转变为推动制造业数字化、网络化、智能化转型的新型平台基础设施。

（1）大平台、小应用成为发展趋势，即大型基础的工业软件不断下沉为大平台，小型的应用软件不断微小型化，作为平台的组件丰富平台并灵活使用。这就是工业软件巨头不断并购其他软件企业，拓展自身版图的原因之一。比如，达索系统通过多次的并购从单纯的三维 CAD 设计软件一步步发展为全流程、全系统、全领域、全生命周期的数字化协同研发与管理平台 3DEXPERIENCE，以平台为基础，提供 3D 设计、工程、建模、仿真、数据管理和流程管理等产品和服务。

（2）工业软件本身就是一个跨学科、跨领域的高度复杂的知识产品，它的研发涉及的知识领域广且多，没有一家企业能够独自掌握并开发出所有的技术和产品，合作和并购的实质是知识联通和知识融合。

（3）工业软件技术发展逐渐进入成熟期，技术进步不及预期，通过并购整合提升产品实力成为趋势。以 CAE 软件为例，随着有限元理论与算法日臻成熟，数值计算新方法、新理论没有新的突破，关键技术也无太大进步，技术发展进入平台期，导致各大 CAE 企业在"存量空间内卷"，忙于并购与重组，重新整合市场，在技术上以通过并购实现横向扩展为主，纵向上提升缓慢，如 ANSYS 最终还是通过并购来解决热力耦合问题的分析求解。

3. 工业软件企业发展壮大要求进行并购整合

工业软件的复杂性决定并购事半功倍。从商业角度看，工业软件细分领域多、研发复杂、门槛高、周期长，企业从零开始做非常费时费力，无先发优势，却有后发劣势。面对不断变化的技术和市场，企业运用资本通过并购的方式快速获得能力是投入回报比较高的方式，同时减少了一个竞争对手，并直接获得其在行业中的位置。

（1）扩大市场份额，提升行业战略地位。企业基于扩大市场份额甚至实现市场垄断的动因发起并购。最典型的案例就是 MSC 1999 年在结构分析市场占有率超过 90%时，发动了对拥有 NASTRAN 另外两个版本分支的 UA 和 CSAR 的并购，以达到完全垄断结构分析市场的目的，结果被美国联邦贸易委员会发起反垄断调查所打断。

（2）取得先进的生产技术、管理经验、专业人才、市场网络等各类资源。ANSYS 的并购历史是比较典型的采用并购来获取其他公司的先进技术等资源的案例。

（3）限制竞争对手发展：一种是利用手中的金融杠杆，通过突袭或恶意并购竞争对手来打击甚至消灭弱小的竞争对手；另一种是通过并购优质资源，直接让实力相近的竞争对手在某个领域没有可并购对象，让竞争对手只能自己开发或寻找其他合作伙伴。

4.2.3　我国工业软件企业并购建议

1. 我国工业软件企业并购整合形势

国际工业软件巨头是靠并购成长起来的，这对于当前的国内工业软件企业有借鉴作用。招至麾下是工业软件企业快速成长和打造自有工业软件体系的捷径。当前我国工业软件企业并购整合面临如下形势。

1）从外部形势看，我国工业软件企业对外投资并购被限制的风险逐步加大

美国外资投资委员会（CFIUS）的审查趋严，包括工业软件在内的信

息技术和电子产品等领域被列入《出口管理条例》进行严格管控。中国企业对美国企业的并购交易明显放缓，2019年上半年，中国企业在北美的并购交易金额下滑至70亿美元，同比跌幅为26%。近年来，中国在高科技领域对美国的并购频频被否，如中青芯鑫资产管理有限责任公司并购美国专业半导体测试设备商 Xcerra，蚂蚁金服并购美国科技公司MoneyGram，因未能获得CFIUS的批准而被迫中止。包括工业软件在内的关键技术和领域通过对美投资并购实现技术升级换代面临严峻挑战。欧洲国家在科技封锁上对美国亦步亦趋，这种封锁有从美国向其他国家蔓延的趋势。面对日益加大的并购封锁风险，我们要抢抓尚未被全面封锁的窗口期提前进行并购布局。

2）从内部情况看，围绕工业软件国内企业并购合作加速

当前国内工业软件行业分科而制，碎片化发展问题较为严重，应整合优势资源、收敛产品，形成平台化、可扩展的发展路线，对此，企业并购合作是有效路径。目前，我国工业软件企业并购呈现以下主要特点。

一是工业企业并购工业软件企业，如智能制造与智能电气先进技术提供商能科股份并购PLM整体解决方案提供商联宏科技，反映出国内智能制造发展迅猛，工业企业软件化步伐加快的趋势。二是大型软件企业并购工业软件企业，如中软国际的控股子公司蜂巢互联并购国内 3D 研发设计领域高科技企业新迪数字旗下的工业云服务平台"制造云"，反映出通用型软件企业整合国内工业软件领域优势资源，积极向工业领域拓展布局的趋势。三是工业软件企业之间的并购数量较少，反映出国内工业软件"小、散、弱"的发展状况，工业软件企业尚缺乏并购的能力与条件，亟须引导、支持工业软件企业有序发展，培育骨干企业，形成体系化发展能力。

2. 企业并购建议

当前国际形势变化莫测，建议抓住稍纵即逝的窗口期，引导工业软件企业面向国外、国内两个市场进行并购整合，做好支撑与帮扶。几点建议如下。

1）系统谋划海外并购工业软件企业

一是慎重开展对美投资与并购。深入研究美国投资与出口管制最新政策，紧密把握最新动态，持续观察国际形势，深入研究并购标的，密切跟踪最新动态，等待最佳并购时机。二是近期并购以欧洲国家和日本工业软件企业为重点。瞄准具备底层核心技术但市场欠佳的中小企业，推动国有资本与民营企业紧密合作，同时通过境外公司等渠道开展并购，同时注意规避风险。

2）鼓励国内企业之间展开并购合作

一是鼓励国内大型信息与通信技术企业并购国内工业软件企业。推动新一代信息技术与制造业融合，引导大型软件企业、互联网企业、信息技术企业向制造领域迈进，引导大型制造业企业向软件行业进军，并购或战略投资国内工业软件企业，拓展"软件+"。二是鼓励国内工业软件企业以合作促合并。鼓励国内工业软件企业围绕具体业务开展合作，通过合作加深双方了解，促进业务融合，提升业务能力，在此基础上，推动企业通过股权置换等方式开展合并。

3）做好企业并购的支撑与帮扶工作

一是设立大型引导型并购基金支持企业并购。鼓励资本与政府组建大型引导型并购基金，支持国内企业围绕工业软件，面向企业并购重组、成长型企业、国企混合所有制改革、海外并购等方向进行投资。二是加强咨询服务提供并购指导。积极引进和培育一批有资信、有经验的国际专业中介机构，主动或导向性地为企业提供包括风险预警、知识产权保护、资产甄别等信息的咨询，以及并购方向、方法及法规的指导。

4.3　工业软件企业投融资分析

4.3.1　工业软件投资的逻辑

工业软件是高智力密集、轻资产的行业，前期需要投入大量的资金用于研发，风险高、投入多、回报周期长。融资难一直是工业软件企业起步发展的难题。工业软件企业作为典型的资本和技术密集型产业，不仅需要产业和技术的创新支持，而且需要庞大的资金持续为产业发展提供资金保障。随着资本市场各项改革的深入推进，战略层面"金融支持实体经济"发展的整体导向愈加显现。科创板的推出和创业板注册制改革都为新技术、新模式、新业态的创新发展提供了融资新渠道。被誉为高新技术"助推器"的风险投资的崛起给工业软件企业发展提供了重大助力——拓宽工业软件企业的融资渠道，加强企业关键技术创新，推动中小企业管理现代化。

以获得短期回报为导向的社会资本更愿意投资"短平快"项目，对工业软件投资甚少。这种情况随着国内发展工业软件整体氛围的升温而发生了重大变化。近年来，工业软件受到资本的高度热捧，无论是一级市场的融资，还是二级市场的表现，都在释放一个很明显的信号：国产工业软件已经迎来了资本"热潮"。

自改革开放以来，我国的发展毫无疑问处在一个上升周期，其间也许偶有波动，但势不可挡，巨大的动能在短时间内迸发出来，创造财富的效率世所罕见。

笔者认为只有关注国家宏观发展趋势、重点引导方向、亟须发展的领域，参与其中，与国成长，才能共享中国发展的红利。

逻辑 1：脱虚向实，发展制造业，把实体经济搞上去

制造业是国民经济的主体，是立国之本、兴国之器、强国之基。历史与实践表明，没有强大的制造业，就没有强盛的国家和民族。党的二十大报告提出"建设现代化产业体系。坚持把发展经济的着力点放在实体经济上，推进新型工业化，加快建设制造强国、质量强国、航天强国、交通强国、网络强国、数字中国"。我国现在制造业规模是世界上最大的，但要继续发展就要靠创新驱动来实现转型升级——通过技术创新、产业创新，在产业链上由中低端迈向中高端。一定要把我国制造业搞上去，把实体经济搞上去，扎扎实实实现"两个一百年"奋斗目标。

目前，世界经济下行压力较大，要吸取发达国家"去工业化"的教训，坚持经济发展任何时候都不能"脱实向虚"，加快推进新型工业化。制造业是实体经济的重要基础，是实体经济和国民经济的主体。我国必须大力发展实体经济，而搞好实体经济必须先发展制造业，这是国内外经济发展的普遍规律。

第四次工业革命蓬勃兴起，工业软件得到重新定位：从制造业信息化发展的辅助工具，转变为推动制造业数字化、网络化、智能化转型的基础设施。当前，我国正加快推动由"制造大国"向"制造强国"转变。

工业软件对推动我国制造业转型升级，实现制造强国目标具有重要的意义。可以说，没有自主先进的工业软件就不可能实现成为"制造强国"的目标。

逻辑 2：产业自主可控的内生要求与潜在空间

我国制造业长期依赖国外高端工业软件。以 EDA 软件为例，中兴事件表面上暴露出的是芯片问题，更不容忽视的是用于设计芯片的 EDA 软件；受国际形势影响，Synopsys、Cadence、Mentor Graphics 三大 EDA 软件公司已经停止与华为的合作。

工业软件过于依赖国外对致力于提升核心竞争力的中国制造业来说，在安全性、依赖性、经济性方面存在着不少潜在的风险，而自主工业软件的缺失可能使中国制造业的发展存在安全隐患。发展自主工业软件，已经成为中国制造业向中高端产业链转移的必经之路。这不仅可从源头上提升中国制造业的自主创新能力，而且可从根本上解决中国制造业的短板和"卡脖子"问题。

逻辑 3：工业软件是智能制造和工业互联网的重要基础和核心支撑

人工红利逐渐消失，普通劳动力成本上升，制造业降本提质增效升级迫在眉睫，同时以 IT 人才为代表的工程师智力红利正逐渐释放，两相叠加，智能制造和工业互联网破茧而出，为工业软件的发展奠定了基础。

无软件，不智能。智能制造离不开工业软件，作为智能制造的重要基础和核心支撑，工业软件的应用贯穿企业的整个价值链：从研发、制造、营销、物流到服务，打通数字主线；从车间的生产控制到企业运营，再到决策，建立产品、设备、生产线到工厂的数字孪生模型；从企业内部到外部，实现企业与客户、供应商、合作伙伴的互联和供应链协同，企业所有的经营活动都离不开工业软件的全面应用。工业软件是智能制造的数字神经系统，也是智能制造业企业体现差异化竞争优势的关键，其重要程度不言而喻。

工业互联网价值属性可归因于五大要素：网络、平台、数据、应用、安全，工业软件在所有层级的所有环节都起到至关重要的作用。工业软件具有对各类工业数据进行处理、分析和应用的重要功能，是工业互联网体系中所具备的优化、仿真、呈现、决策等关键功能的主要组成部分——将工业互联网的概念层层剥开，底层的使能基础是工业软件。同时，工业互联网的发展也加快了工业软件向云端迁移，改变了工业软件的开发方式和应用范围。

逻辑 4：不对称的剪刀差显示巨大可增长空间

工业和信息化部统计数据显示，2021 年，中国工业软件产品继续保持快速增长，收入达到 2414 亿元，同比增长 24.8%；在过去三年中年均增长超过 15%，约占全球市场规模比重的 7.95%。而我国工业增加值占全世界的份额超过 28%。做个粗略的比较，7.95% 与 28% 是不相称的，两者间的差距显示未来可增长空间巨大。

逻辑 5：政策逐步落地，进一步推动工业软件发展

政府出台多项涉及工业软件的相关政策文件支持工业软件发展，如表 4-2 所示。对于这些文件的内容，我们"既要看到树木，也要看到森林"。所谓"看到树木"，指文件中针对工业软件的具体支持方向和内容；所谓"看到森林"，指文件主题是发展智能制造、工业互联网等，工业软件隐含在其中且无处不在。

表 4-2　涉及工业软件的相关政策文件

序号	发布时间	发布单位	文 件 名 称	涉及工业软件内容
1	2016 年	国务院	《国务院关于深化制造业与互联网融合发展的指导意见》	加快计算机辅助设计仿真、制造执行系统、产品全生命周期管理等工业软件产业化，强化软件支撑和定义制造业的基础性作用
2	2017 年	国务院	《国务院关于深化"互联网+先进制造业"发展工业互联网的指导意见》	形成一批面向不同工业场景的工业数据分析软件与系统，以及具有深度学习等人工智能技术的工业智能软件和解决方案
3	2018 年	工业和信息化部	《工业互联网 APP 培育工程实施方案（2018—2020 年)》	到 2020 年，培育 30 万个面向特定行业、特定场景的工业 APP，全面覆盖研发设计、生产制造、运营维护和经营管理等制造业关键业务环节的重点需求
4	2019 年	福建省工业和信息化厅	《福建省工业和信息化厅关于加快工业软件产业发展七条措施的通知》	支持先进制造业企业输出领先的行业信息化解决方案，培育壮大工业软件企业主体。以嵌入式软件、工业控制软件、工业安全软件、工业 APP、工业数据库、集成电路设计等为重点领域
5	2020 年	国务院	《新时期促进集成电路产业和软件产业高质量发展的若干政策》	聚焦高端芯片、集成电路装备和工艺技术、集成电路关键材料、集成电路设计工具、基础软件、工业软件、应用软件的关键核心技术研发，不断探索构建社会主义市场经济条件下关键核心技术攻关新型举国体制
6	2021 年	工业和信息化部	《"十四五"软件和信息技术服务业发展规划》	重点突破工业软件。研发推广计算机辅助设计、仿真、计算等工具软件，大力发展关键工业控制软件，加快高附加值的运营维护和经营管理软件产业化部署。面向数控机床、集成电路、航空航天装备、船舶等重大技术装备以及新能源和智能网联汽车等重点领域需求，发展行业专用工业软件，加强集成验证，形成体系化服务能力

序号	发布时间	发布单位	文 件 名 称	涉及工业软件内容
7	2021 年	工业和信息化部	《"十四五"智能制造发展规划》	聚力研发工业软件产品。推动装备制造商、高校、科研院所、用户企业、软件企业强化协同，联合开发面向产品全生命周期和制造全过程的核心软件，研发嵌入式工业软件及集成开发环境，研制面向细分行业的集成化工业软件平台。推动工业知识软件化和架构开源化，加快推进工业软件云化部署。依托重大项目和骨干企业，开展安全可控工业软件应用示范
8	2021 年	上海市经济信息化委员会	《上海市促进工业软件高质量发展三年行动计划（2021—2023 年）》	工业软件专项发展文件，提出到 2023 年，扩大产业规模。培育引进 200 家以上工业软件企业，培育 10 家左右上市企业，培育 5 家超 10 亿元的重点工业软件企业，上海工业软件规模突破 500 亿元

4.3.2　工业软件企业投资分析

广义上，工业软件是指在工业领域应用的软件。根据研制流程和应用场景，工业软件一般可以分为设计仿真类、生产控制类、经营管理类、运营维护类及系统运行嵌入式。其中，设计仿真软件一般是基于物理、数学等基础学科，与学科和专业关联性强的基础性工业软件，工具属性较强；生产控制类软件、经营管理类软件、运营维护类软件一般是基于业务模型实现工业产品研发、生产、服务和管理过程中业务流程信息化的工业软件，业务属性较强；系统运行嵌入式软件一般是嵌入在工业产品中的操作系统和应用软件，以提升产品的自动化和智能化程度，以及产品的使用价值，融合属性较强。

在资本助力下，中望软件成为第一家 IPO（Initial Public Offering，首次公开募股）的设计仿真软件企业。概伦电子紧随其后，成为第一家 IPO 的 EDA 企业。华大九天、广立微、索辰、航天软件、浩辰等也实现 IPO。近年来，投资机构还投资了哪些工业软件企业呢？笔者进行了不完全的统计，如表 4-3 所示。

表 4-3　近年来工业软件企业投资情况（部分）

序号	企业名称	所属类别	轮次	最新融资时间	金额	所在地	成立时间
1	英特仿真	设计仿真（CAE）	B 轮	2023 年 11 月	超 1 亿元	辽宁	2009 年 5 月
2	云道智造	设计仿真（CAE）	战略融资	2023 年 6 月	未披露	北京	2014 年 3 月
3	安世亚太	设计仿真（CAE）	战略融资	2023 年 1 月	未披露	北京	2003 年 12 月
4	励颐拓	设计仿真（CAE）	战略融资	2022 年 12 月	未披露	重庆	2018 年 7 月
5	天洑软件	设计仿真（CAE）	C 轮	2022 年 7 月	数亿元	江苏	2011 年 5 月
6	飞谱电子	设计仿真（CAE）	战略融资	2022 年 12 月	未披露	江苏	2014 年 7 月
7	数巧信息	设计仿真（CAE）	A 轮	2021 年 11 月	数千万元	上海	2016 年 9 月
8	华天海峰	设计仿真（CAE）	B+轮	2021 年 6 月	数千万元	北京	2005 年 12 月
9	十沣科技	设计仿真（CAE）	战略融资	2022 年 8 月	未披露	广东	2020 年 12 月
10	舜云工程	设计仿真（CAE）	A 轮	2022 年 1 月	数千万元	江苏	2019 年 6 月
11	苏州同元	设计仿真（系统级设计仿真）	战略融资	2022 年 3 月	未披露	江苏	2007 年 3 月
12	上海青翼	设计仿真（CAD、PLM）	A+轮	2023 年 6 月	1.5 亿元	上海	2009 年 9 月

序号	企 业 名 称	所属类别	轮 次	最新融资时间	金 额	所在地	成立时间
13	芯华章	设计仿真（EDA）	战略融资	2023 年 3 月	未披露	江苏	2020 年 3 月
14	立芯软件	设计仿真（EDA）	战略融资	2022 年 7 月	未披露	上海	2020 年 11 月
15	阿卡思微	设计仿真（EDA）	Pre-A 轮	2021 年 7 月	未披露	上海	2020 年 5 月
16	芯和半导体	设计仿真（EDA）	战略融资	2022 年 10 月	未披露	上海	2019 年 3 月
17	新迪数字	设计仿真（CAD）	D 轮	2023 年 4 月	超 1 亿元	上海	2003 年 11 月
18	山大华天	设计仿真（CAD）	C+轮	2023 年 6 月	超 1 亿元	山东	1993 年 5 月
19	卡伦特	设计仿真（CAD）	战略融资	2022 年 9 月	未披露	福建	2017 年 3 月
20	设序科技	设计仿真（CAD）	A 轮	2022 年 2 月	超 1 亿元	上海	2020 年 8 月
21	云图三维	设计仿真（CAD）	天使轮	2022 年 4 月	数千万元	重庆	2020 年 1 月
22	漫格科技	设计仿真（CAD）	Pre-A 轮	2022 年 2 月	数千万元	上海	2019 年 3 月
23	不工软件	生产控制（APS，高级计划和排程系统）	战略融资	2023 年 4 月	未披露	上海	2015 年 7 月
24	摩尔元数	生产控制（MES）	B+轮	2021 年 6 月	约 1 亿元	福建	2017 年 8 月
25	黑湖科技	生产控制（MES）	C 轮	2021 年 2 月	5 亿元	上海	2017 年 3 月
26	新核云	生产控制（MES+ERP）	C 轮	2021 年 8 月	2 亿元	上海	2014 年 7 月

续表

序号	企业名称	所属类别	轮次	最新融资时间	金额	所在地	成立时间
27	迈艾木	生产控制（MES）	Pre-A轮	2021年5月	超1千万元	广东	2016年6月
28	上扬软件	生产控制（MES）	C轮	2023年5月	超5亿元	上海	2001年3月
29	赛美特	生产控制（MES）	B轮	2023年6月	数亿元	上海	2017年10月
30	芯享科技	生产控制（MES）	A+轮	2022年3月	数亿元	江苏	2018年7月
31	哥瑞利	生产控制（MES）	C轮	2021年11月	3亿人民币	上海	2007年11月
32	欧软信息	生产控制（MES）	A轮	2021年10月	数千万元	江苏	2012年9月
33	携客云	经营管理（SCM）	B+轮	2023年4月	数千万元	广东	2017年6月
34	明度智慧	全生命周期管理解决方案	B轮	2021年5月	超3亿元	浙江	2017年5月

为什么选择这些企业进行投资，投资机构已经做过专业分析，笔者这里不再展开叙述，只做整体性思考。

1. 从投资软件类别看，设计仿真软件占比最多，生产控制类软件紧随其后

表4-3中，设计仿真软件投资22个，其中CAD软件7个，CAE软件10个；生产控制类软件投资10个，其中APS软件1个，MES软件9个；其余为企业资源计划软件ERP软件1个，经营管理类软件1个，面向医药行业的全生命周期管理解决方案1个。可见，目前投资的重点在设计仿真软件和生产控制类软件。设计仿真软件代表着从中国制造到中国创造，

将制造业核心价值沿着"微笑曲线"向前端迁移；生产控制类软件是数据流、控制流、实物流汇聚的中枢，堪称智能制造的灵魂。

2. 从软件形态看，云化软件异军突起，App 等新形态、新模式受到关注

表 4-3 中的 MES 软件几乎都是云化工业软件，MES 软件 SaaS 化是重要趋势，呈现平台化、模块化，可支持快速响应开发，不需要投入过多开发、维护时间与成本，有望弥补传统 MES 成本高、适应性差、集成性弱、缺乏互操作性、敏捷性差等缺陷，尤其适合中小企业。这些公司的 MES 软件除了云化这一亮点，还有基于"数据+算法"的智能决策（如黑湖科技），APS/MES/ERP 一体化（如新核云）。云道智能的 CAE 软件采用了"仿真平台+仿真 App"的模式，是搭建仿真开发环境、管理平台和 App 商店，探索平台免费、应用上云、数据落地的一种新模式。

3. 从投资轮次看，已从早期向中期过渡

虽然目前大多数企业的投资轮数处于天使轮到 B 轮之间，但已有部分企业开启了 C 轮投资。资本市场对工业软件的关注由试探开始逐渐增多，先行者的投资情况对后期资本介入带来的示范作用开始显现，更多的工业软件企业得到投资。

4. 从投资金额看，亿元级别比较多

这与企业体量与业务有关。近年来，随着政策红利、产业趋势、技术变革等因素的叠加，与国外工业软件企业相比，我国工业软件企业由以前的"小、弱、散"，逐渐向"大、强、聚"发展。另外，随着工业软件企业一步一步拓展，业务壮大，企业大体量的资金承受能力增强。

5. 从地域分布看，这些企业多分布在广东、北京、上海及东部沿海省份和东北工业区

这与工业软件具备工业和信息双重属性有关。不同于普通软件，工业软件是工业知识长期积累、沉淀并在应用中迭代的软件化产物，具有与行业联系紧密、继承性强、可靠性要求高、研发难度大等特点。国外工业软件的发展经验显示高端工业软件必孕育于高端工业。上述这些地区多在工业和信息技术两个方面都有较好的基础，有与之相应的产业和高素质的人才。

6. 从成立年限看，设计仿真软件更需时间积淀

近年来，虽然新成立的设计仿真软件被投企业崭露头角，但更多的成立年限在 10 年以上，而生产控制类软件被投企业则普遍在 5 年左右。设计仿真软件通用性更强，对技术要求更高，需要积累的时间更长，面临的竞争更激烈。软件开发需要丰富的知识和实际经验，对物理、数学、机械和软件工程方面的技能要求很高，所需的人才稀缺，开发周期往往需要五六年，市场开拓周期更是以 10 年计，需要巨额投资和数十年的技术积累，金融和技术壁垒都非常高。生产控制类工业软件定制化程度更高，往往需要向工业企业提供个性化解决方案。在该方面，相比国外企业，国内企业更具优势。另外，这些被投企业推出的都是云化软件，因此往往以新创企业居多。

4.3.3　工业软件投资的明天

近年来，对工业软件企业的投资，既是工业软件发展多年融资难、资本寒冬的星星之火，也是当下资本寒冬待复苏的星星之火。有业内人士感叹工业软件的春天已经来到，随着政策红利、产业趋势、技术变革等因素的多重叠加，围绕工业软件的产融互动正蓄势待发，相信有更多的资本会投向工业软件企业。

对于工业软件的投资选择，我们可以从细分赛道、赛车进行思考。

赛道：具有革命性意义的工业软件技术/模式，具有广泛辐射价值和市场需求，具备产业群和产业生态效应，能够带动一批利益相关者共同发展。

（1）数据科学与模型化技术结合：面向数字孪生体的建模仿真及优化，基于模型的代码自动生成，跨学科联合仿真。

（2）软件架构重构业务模式：云化软件、"平台+App"开拓新的商业模式、服务模式、研发模式。

（3）软件融合整体解决方案：MES（APS）/ERP 一体化，CAD/CAE/CAM 一体化。

（4）面向特定行业、特定领域：基于核心基础模块的行业专用软件构建行业壁垒，在特定领域有国产准入门槛，深刻掌握行业需求的技术咨询。

（5）与工业互联网结合：低代码甚至无代码生成平台，数据智能分析。

（6）平台类：MRO 电商、咨询及资源对接。

赛车：掌握代表产业发展趋势的底层核心技术，拥有长期坚持、团结稳定的核心综合团队，具备广阔的市场需求和持续深入的工业软件应用环境，具有融入中国先进制造的用户，具有明确的战略发展方向与发展能力。

对于投资机构，工业软件适合长期主义者，热衷于"短平快"式投资的投资机构可能会失望；对于被投企业，企业要把资金用于技术提升，同时要警惕因对赌业绩要求等被资本绑架，进而影响了企业的健康发展。

第 5 章

发展工业软件：政策体系研究

本章对工业软件的政策进行了介绍，分析了相关政策体系的内涵、主要特征与重要作用，介绍了当前国内各级政府针对工业软件出台的各项政策，并从 10 个方面对政策进行了分类。

5.1 工业软件政策体系建设概述

5.1.1 工业软件政策体系的定义与内涵

政策是指国家行政机关、政党组织和其他社会政治集团为了实现自己代表的阶级、阶层的利益与意志，以权威形式标准化地规定在一定的历史时期内，应该达到的奋斗目标、遵循的行动原则、完成的明确任务、实行的工作方式、采取的一般步骤和具体措施。政策应根据各组织的需要及背景而订立，所以不同的政策会有差异，但概括而言，政策是为了谋求某些利益而制定的。

政策体系是指一个由若干相互关联的政策构成的、有特定功能的有机整体。例如，国家政策体系，一般可分为对内政策与对外政策两大部分。对内政策包括财政经济政策、文化教育政策、军事政策、劳动政策、宗教政策、民族政策等；对外政策即外交政策。

工业软件政策体系是指工业软件产业主管部门根据目前和未来工业软件产业发展需要与发展目标，为弥补市场调节的缺陷或不足，而对工业软件产业的相关活动进行干预的策略、措施、制度的总和，其目的是通过指导工业软件产业和企业活动，促进工业软件产业高质量发展。

工业软件政策体系建设是指以政府为主体，以国家和地方的相关政策为基础和重要参考，以各自职责和特点为出发点的政策体系的制定、实施和完善过程。

5.1.2　工业软件政策体系的主要特征

1. 关联性

工业软件政策体系对内对外都具有很强的关联性，这主要体现在以下两方面。

一是与制造业的政策体系关联性强。工业软件堪称"工业软装备"，是先进制造业的重要组成部分。国家和地方的制造业相关政策往往都会将工业软件作为其中一部分，对工业软件的政策体系建设起到规范和支持作用。工业软件的政策往往伴随着智能制造、工业互联网、制造业数字化转型等政策。例如，《"十四五"智能制造发展规划》设有"工业软件突破提升行动"专栏；《广东省制造业数字化转型实施方案（2021—2025 年）》提出将"推动工业软件攻关及应用"作为亟须夯实的五大基础支撑之一。

二是与软件产业的政策体系关联性强。工业软件是关键软件之一，是软件产业的重要组成部分。近年来，各级政府出台的软件产业政策将工业软件作为重点攻关突破的软件门类。例如，《"十四五"软件和信息技术服务业发展规划》提出"重点突破工业软件"，上海市出台专门面向工业软件的政策文件《上海市促进工业软件高质量发展三年行动计划（2021—2023 年）》。

工业软件兼具"工业"和"软件"双重属性，注定了其政策体系与制造业、软件产业都息息相关，各项具体政策都有相关联的内容和对应的出处，需要统筹考虑。

2. 延续性

工业软件政策体系的延续性也体现在两方面。

一是政策往往会延续过往的文件政策。比如，《软件和信息技术服务业发展规划（2016－2020 年）》设有"工业技术软件化推进工程"专栏；《"十四五"软件和信息技术服务业发展规划》做了延续，设有"工业技术软件化推广"专栏。

二是产业主管部门会根据产业的不同发展阶段出台相应的政策。由于工业软件是近几年带动工业数字化转型的关键要素，在未来一段时间内会保持较高的增长速度，且自身发展要经历一定时间，所以工业软件发展通常不会在一个时期内完成，而是分成若干阶段，利用目标、策略、内容有继承又有差异的政策解决不同发展阶段的问题，实现政策的连贯性。

3. 差异性

一是针对不同类别的工业软件制定差异化的政策措施。工业软件种类繁多，不同种类工业软件的重要性、产品特点、产业基础、受制于人的情况存在较大差异，既不宜一概而论，也不宜一视同仁。比如，《"十四五"软件和信息技术服务业发展规划》将设计仿真系统软件、电子设计自动化软件（EDA）、工业控制软件列为重点补短板的工业软件门类；针对高附加值的运营维护和经营管理软件提出加快产业化部署。

二是不同地区根据各自情况出台的工业软件政策存在差异。上海、广州、成都等地自身工业软件基础较好，出台了工业软件的专项政策文件；

辽宁、山东等地工业基础深厚，侧重在工业互联网、智能制造、服务型制造等方向的政策文件中对工业软件进行支持；湖南、浙江等地软件产业较为发达，侧重在软件产业规划中加大对工业软件的支持力度。

5.1.3　工业软件政策体系建设的重要作用

1. 引导发展方向

引导发展方向，是指通过政策能够引导工业软件产业朝着政策所期望的目标和方向发展。政策的重要内容之一是设定目标、确定方向，就是把整个产业发展活动中的多种行为带入统一、明晰的轨道，使工业软件实现高质量发展。

2. 优化资源配置

优化资源配置，是指运用政策手段能够将市场、政府两种资源进行集聚，并在其所服务的企业和个人之间进行合理有效的分配，尽可能地实现公平目标与效率目标之间的平衡。由于政策措施多与各种利益相关，因此工业软件政策体系中的每项具体政策都需要解决好"如何分配利益"的问题，也就是解决好"政策使谁受益"的问题。

政策体系建设的优化资源配置作用对工业软件产业的良性运行和稳定发展有直接影响。工业软件产业涉及的各相关主体的利益需求不同，资源有限，因此需要把资源配置到最需要、最能发挥作用的地方去。科学的政策能够通过优化资源配置将更多、更好的资源聚集到产业，形成良性循环，促进工业软件产业的蓬勃发展。

3. 弥补市场失灵

弥补市场失灵，是指通过工业软件政策体系建设，能够在市场机制不能有效约束企业或个人行为时加以有效规范和调节。在现实经济活动中，不完全竞争、外部效应、公共物品、垄断、信息不完全与信息不对称等因素都可能造成市场机制失灵。当存在这些因素时，仅仅依靠市场机制作用难以消除工业软件产业发展中遇到的不正当竞争、各自为政发展、资源浪费等不良现象，而必须靠政策体系的约束和管理。

政策体系建设发挥弥补市场失灵的作用，不仅能让"有效市场"和"有为政府"更好地结合，还能有效促进工业软件的技术创新和知识产权发展。例如，工业软件产业是一个知识密集型产业，智力成本非常重要，但盗版软件的存在对正版软件的开发者是一个致命的打击，如果盗版屡禁不止，那么工业软件企业和研发人员在创新的积极性上必定大受影响。然而，盗版软件不受市场机制限制。只有严厉打击盗版行为，完善知识产权保护体系，才能保护工业软件企业和研发人员的利益，进而保护和促进创新。

4. 协调产业发展

协调产业发展，是指产业主管部门运用政策手段对工业软件生产活动中出现的利益冲突和产业发展进行调节与控制。从产业组织形态及其特点来看，工业软件企业和工业软件产业都有一个从小到大的成长过程和创新活跃期。但在产业整体发展中，中大型企业及其发展结果更容易被重视，而小企业及其创新活动则容易被忽略。为此，相关部门可以通过政策体系的建设，出台产业链主牵引中小企业集群发展、促进中小企业发展的税收优惠等政策，实现规模经济和专业化协作，加快形成大/中/小企业结构合理、产业链上下游协作配套的工业软件产业组织体系，协调工业软件产业均衡发展。

5.2　我国工业软件政策

5.2.1　工业软件政策出台情况

1. 国家层面

我国政府十分重视工业软件及其相关产业的发展，不断地加大政策扶持力度，细化政策扶持领域和办法。国家层面的政策按照政策特点和扶持领域大致分为三大类。

1）产业通用基础类政策

● 《新时期促进集成电路产业和软件产业高质量发展的若干政策》

2020 年，国务院印发了《新时期促进集成电路产业和软件产业高质量发展的若干政策》，从财税、投融资、研究开发、进出口、人才、知识产权、市场应用、国际合作八个方面制定了若干扶持措施。工业软件是软件产业的一分子，也受益于该文件。

● 《特色化示范性软件学院建设指南（试行）》

2020 年，教育部办公厅、工业和信息化部办公厅联合印发《特色化示范性软件学院建设指南（试行）》，提出聚焦国家软件产业发展重点，在关键基础软件、大型工业软件、行业应用软件、新型平台软件、嵌入式软件等领域，培育建设一批特色化示范性软件学院，探索具有中国特色的软件人才产教融合培养路径，培养满足产业发展需求的特色化软件人才，推动关键软件技术突破、软件产业生态构建、国民软件素养提升，形成一批具有示范性的高质量软件人才培养新模式。

2）软件产业发展政策文件

如前所述，《"十四五"软件和信息技术服务业发展规划》提出重点突破工业软件。研发推广计算机辅助设计、仿真、计算等工具软件，大力发展关键工业控制软件，加快高附加值的运营维护和经营管理软件产业化部署。面向数控机床、集成电路、航空航天装备、船舶等重大技术装备以及新能源和智能网联汽车等重点领域需求，发展行业专用工业软件，加强集成验证，形成体系化服务能力。

3）制造业类政策文件

工业软件政策往往在智能制造、工业互联网、制造业数字化转型等制造业类政策文件中出现。比如，《国务院关于深化"互联网+先进制造业"发展工业互联网的指导意见》提出集中突破一批高性能网络、智能模块、智能联网装备、工业软件等关键软硬件产品与解决方案；《关于加快推动制造服务业高质量发展的意见》提出加快发展工业软件、工业互联网，培育共享制造、共享设计和共享数据平台，推动制造业实现资源高效利用和价值共享；《"十四五"智能制造发展规划》设有"工业软件突破提升行动"专栏。

2. 地方层面

随着工业软件在制造业中的地位越来越重要，以及国家相关政策的相继出台，我国大部分经济发展前沿城市也都结合自身实际情况纷纷制定具有地方特点的工业软件产业扶持政策——主要围绕产业规划、人才培养、资金配套、法律法规和特色行业等重点出台了相关政策。

部分省市出台了专门支持工业软件发展的政策文件，比如上海市出台了《上海市促进工业软件高质量发展三年行动计划（2021—2023年）》，广州市出台《广州市加快打造工业软件产业生态城的行动计划（2020—2022 年）》，成都市出台了《成都市推进工业软件发展行动计划（2021—2025 年）》。部分省市在制造业数字化转型、信息技术发展等发展规划文件中提出了支持工业软件发展的政策举措。比如，广东省出台《广东省制造业数字化转型实施方案（2021—2025 年）》，将"推动工业软件攻关及应用"作为亟须夯实的五大基础支撑之一；再如，天津市出台《天津市新一代信息技术产业发展"十四五"专项规划》，提出提升工业软件支撑能力，推广基础工业应用，重点支持工业控制软件、信息安全软件、控制系统集成等关键技术的研发和产业化应用。

5.2.2　工业软件政策分类

1. 认定和统计政策

认定和统计政策是指政府为规范工业软件产业的市场行为，建立软件服务质量标准、行业规范、统计体系和软件企业认定办法等一系列政策。代表性政策有《新时期促进集成电路产业和软件产业高质量发展的若干政策》、《关于进一步提高我国软件企业技术创新能力的实施意见》和《软件业统计管理办法（试行）》等。

2. 企业培育政策

企业培育政策是指主要通过资金扶持、支持企业剥离部门成立独立工业软件企业等来培育工业软件企业的政策，如《上海市促进工业软件高质量发展三年行动计划（2021—2023 年）》提出推动央企、地方国资和大型制造业企业等剥离核心技术公司，围绕行业需求专门成立独立的工业软件公司。

3. 财税政策

税收优惠政策是指政府对软件和信息技术服务领域的企业在企业所得利润、土地使用等方面实行税收优惠的一系列政策。国家对工业软件企业的财税扶持主要体现为给予其以企业所得税、产品增值税和出口关税等优惠支持。

4. 投融资政策

投融资政策是指政府对软件和信息技术服务业的发展设立专项资金，对软件和信息技术服务领域的企业进行融资的一系列政策。

为缓解包括工业软件在内的软件企业的融资瓶颈，解决广大中小企业融资难、融资贵问题，当前政策主要从支持企业并购重组、发挥融资担保机制作用、鼓励商业性金融机构加大扶持力度、支持境内外上市融资、拓宽债券市场融资渠道等方面进行支持。

5. 研究开发政策

技术研发政策是指政府根据工业软件自身的产业技术特点，对工业软件技术发展实施指导、选择、促进与控制等政策的总和。针对当前工业软件关键核心技术亟须攻克的问题，相关部门制定政策，鼓励加强关键核心技术攻关，提升技术研发质量，完善相关领域的标准体系，增强核心竞争力。

6. 软件进出口政策

软件进出口政策是指政府对进出口软件产品、转让软件技术和提供相关服务的软件和信息技术服务企业，实施管理、监督、担保、鼓励优惠等政策的总和，如简化海关手续、对软件出口的融资和保险支持。

7. 人才培养政策

工业软件产业是技术密集型、知识密集型产业，人才是工业软件产业发展的第一要素。人才培养政策是指政府根据工业软件自身的产业特点，培养软件开发、测试、项目管理等各类人才，以满足软件和信息技术服务业的发展需求的一系列政策。政策从课程设置、专业建设、产教融合、人才引进等方面为软件产业和集成电路产业的发展提供智力支持。

8. 知识产权政策

知识产权政策是指从知识产权申请和保护，以及软件正版化工作机制等方面加强产业扶持。

9. 市场应用政策

市场应用政策是指以市场为导向，以应用为牵引，充分发挥大国大市场的举国体制优势，推动工业软件技术及产品的推广应用和迭代升级。比如，《"十四五"软件和信息技术服务业发展规划》提出坚持"好软件是用出来的"，完善包容试错、迭代升级的推广机制。坚持整机带动，引导行业开放应用场景，统筹推进重大应用。

10. 国际合作政策

比如，《"十四五"软件和信息技术服务业发展规划》提出充分发挥多双边国际合作机制的作用，支持企业在技术研发、标准制定、产品服务、知识产权等方面开展深入合作，不断完善互利共赢的全球软件产业合作体系。

调研报告示例

某制造业企业调研报告

一、调研背景和目的

某年某月某日调研人员到某制造业企业（以下称"A 公司"）开展调研工作。本次调研一是摸底，了解制造业企业工业软件/工业 App 的开发及应用的实际情况，为工业软件/工业 App 相关工作提供参考；二是学习，学习制造业企业在企业管理、质量保障、智能制造等方面的先进经验，形成可推广的模式与方案；三是宣贯，向企业宣贯工业软件/工业 App 等相关内容与文件精神，推进工业软件/工业 App 培育工程。

二、调研过程

（一）调研对象

A 公司是我国某大型制造企业，具备研制和批量生产多品种、多系列产品的生产能力。

（二）调研方法

本次调研以实地观摩、座谈交流、问卷调查等方式进行，主要目的是了解 A 公司的信息化现状和工业软件开发应用现状。

实地观摩：现场观摩学习其综合联试系统实验平台、智能制造系统、数字化制造系统等信息平台。

座谈交流：与 A 公司信息部门的 10 余名骨干进行座谈会，交流企业信息化及工业软件的开发、应用等相关情况。

问卷调查：制作《工业软件应用情况调查表》，请 A 公司的信息部门统计填写。

三、调研结果

（一）现状与问题

1. 应用：工业软件以自研、自用为主

A 公司的工业软件以自研为主。A 公司将工业软件分为工具类工业软件（CAD、CAE、CAM）和管理类工业软件（CAPP、PDM、PLM、ERP）。工具类工业软件一般购买国外软件；管理类工业软件需要有强大的定制模块，一般以自研为主。目前，A 公司制造系统的管理类工业软件基本为自研完成，少量外协，没有请国产软件公司定制开发。

A 公司软件开发团队（开发人员 16 人、数据接收 4 人、外协 4 人）已完成了 800 多个软件模块固化，模块的耦合度比较高，目前还未考虑商用的问题。对于软件的开发，A 公司采用了传统的开发模式，在软件开发流程、质量管理、文档及测试验证等方面并不规范。

2. 模式：软件开发、工程业务与组织管理的三合一

与一般制造业企业里的信息化/软件部门作为支撑部门或边缘部门不同，信息部门在 A 公司有很高的地位。并且，信息部门不是单纯做一般企业的 OA 管理、网络管理这类的信息化，而是与企业的实际业务融合，与企业的管理融合。这从 A 公司的组织结构设计可见端倪，A 公司信息部门

的领导身兼三个职务：总信息师、总工艺师和科技部部长，实现软件开发、工程业务与组织管理的三合一。

在这种组织机制下，从事软件开发的人员有地位、有条件、有能力深入一线，贯穿从研发设计、生产制造到经营管理的产品全生命周期，开发出满足企业各种实际需求的工业软件。

3. 问题：什么阻碍 A 公司孕育工业软件企业

A 公司的信息部门表现出工业软件/工业 App 开发的能力，以及强烈的意愿，但受限于体制、机制等问题，并没有呈现出像达索系统、ANSYS等初期孕育时的迹象。其主要原因体现在以下四个方面。一是定位问题。在 A 公司，工业软件作为生产制造的辅助工具，没有被定位为产品。工业软件开发得再好也是要为生产制造服务的，企业的目的不是生产软件产品而是生产硬件产品。二是理念问题。A 公司的自研工业软件的耦合性非常强，是 PDM、PLM 等软件的集合体，不具备可推广性，将这些大型混合软件解构打散成工业 App 将极大丰富工业 App 的数量，提高软件的可复用性与商业价值。此外，A 公司的软件开发属于作坊式开发，缺乏规范的软件开发理念，没有完整的软件研发、测试体系。三是体制问题。A 公司是子公司，受到母公司的严格管理，不能擅自进行机构部门的独立。企业强调稳定、务实、可靠、不出错。四是激励问题。生产销售存在重硬轻软问题，软件定价不清。在企业内部的价值评定中，员工对软件著作权的认识度不高，对于将知识转为工业软件/工业 App 缺乏动力。

（二）启发与结论

1. 企业理念是工业企业软件化的灵魂

目前，以西门子、博世为代表的先进工业企业软件化趋势明显，A 公司作为高端制造业企业，也在进行软件化。

A 公司将以精益生产为基础的生产经营理念很好地融入了企业软件化，通过软件化实现实物流、信息流与价值流的三流合一，提高了生产、管理及运营的效率，激发了员工的活力。A 公司以精益生产理念为基础，进行软件化改造，实现智能制造。智能源于规则，规则产自技术基础和管理逻辑。没有精益生产的理念、标准、知识做基础，A 公司的智能制造就是无本之木。

我们通过此次调研认识到：工业企业软件化不是简单地购买软件等设备，而是通过企业的经营理念将软硬件设备有机地组合。企业软件化是企业经营理念的体现与表达。企业软件设备的购置、组合需要与企业的能力及生产经营理念相匹配，相同的设备用在不同的企业会有不同的效果。企业软件化与企业生产经营理念的实现是相辅相成的关系。

2. 工业技术软件化要两条腿走路

A 公司的自研软件是 A 公司精益生产理念的软件化表达与实现，A 公司的智能制造是在践行工业技术软件化。同时也提醒我们，工业技术软件化的"工业技术"是宏观层面的"工业技术"，不仅包含工业技术、工艺经验、制造知识，还包括管理思想、标准规范、行业流程等。

我们在推动工业技术软件化（工业软件）的工作中要两条腿走路：坚持工业技术与软件技术并行，既要注重对软件开发技术、开发语言、开发平台的研发，也要注重工业知识的系统化、模块化；坚持工业知识与管理知识并行，既要注重对具体的生产制造类知识的积淀，也要注重对企业管理理念类知识的传承与转化。

3. 国外平台类工业软件进一步压缩国产软件的生存空间

工业软件是用出来的。CATIA 软件是达索系统设计的，但是中国的企业在使用该软件的过程中不断发现问题、解决问题，帮其完善。待软件成熟后，CATIA 软件用于波音的新型号制造，波音的每款新产品都为 CATIA 软件做了很好的广告。

A 公司的技术人员表示，达索系统往往以初期免/减服务费的方式获得国内制造业企业的订单，让国内制造业企业使用达索系统的软件，等企业对软件产生黏性时就变相提高软件费用，并且每推出新版本的软件就要企业重新以全额费用购买，给企业造成很大的经济压力与不安全感。目前，达索系统推出 3DEXPERIENCE，正朝着封闭的平台化软件的方向发展，意图打通全生命周期、全产业链，并加大在国内企业的推销，这将进一步压缩国产工业软件的生存空间。特别是像 A 公司这样以自研软件为主的企业，其自研软件会受到非常大的影响。

4. 发展国产工业软件要破解黏性传导聚合效应

A 公司的设计软件使用的是法国达索系统的 CATIA 软件，一方面是由于 A 公司自己无法研发类似 CATIA 的软件，另一方面是由于 A 公司的上游企业——产品的设计方使用的是 CATIA 软件，那么 A 公司接收到的文件是用 CATIA 软件设计的，因此 A 公司只能使用 CATIA 软件。这表明工业软件的应用具有产业生态链。某软件在上下游形成链条后，这种黏性会上下传导，并且在传导的过程中不断聚合增强，不是某个环节替换所能解决的。因此，在考虑国产工业软件替代问题时，建议：一是要从制造业企业的产业链、生态链去考虑；二是要抓住关键环节，优先解决产业链最上游的使用问题。

5. 国产工业软件替代重视兼容与标准

在调研中，A 公司的技术人员表示，每家工业软件企业开发的工业软件形成的文件都有其独有的编码格式，其他企业的工业软件不能打开——这就是所谓的排他性，但基于 CATIA 与 UG 形成的文件可以通过某种标准实现相互转化。

这就提示我们发展国产工业软件、进行国产化替代要在标准上下狠功夫。一是注重兼容性，国产工业软件要与国际标杆软件形成的文件格式兼容，如果不兼容，国产工业软件进行替代就会事倍功半、举步维艰。国产的金山 WPS 办公软件兼容微软的 Office 软件的实例可作为借鉴。二是注重自主性，围绕产业重点开展工业软件规范标准研究、技术攻关和产业化推广，争取将国产标准推向国际，在国际上占据一席之地。

6. 要重视系统的可靠性和安全性

在调研中，A 公司表示应高度关注工业软件形成的系统的可靠性和安全性。作为智能工厂的核心，系统一旦崩溃，就会带来巨大的损失。同时，在进行智能工厂设计时，要充分考虑保密的要求，既要保证物联网的通畅，又要保证信息的安全可控。工业软件与普通消费类软件不同，需要特别考虑工业可靠、稳定的本质需求。A 公司表示以前使用过的国产工业软件存在功能不满足、系统不稳定、出现故障不能报警、响应速度慢等问题，这些是不再使用国产工业软件的部分原因。在发展国产工业软件中要尤其重视工业软件的可靠性与安全性，这样企业才敢用，软件才能用、才好用。

7. 大企业的信息部门是未来工业软件公司的苗子

A 公司之前购买过国产管理类软件，但存在适用性差、软件响应速度慢等问题，其主要问题是财务功能不完善，专业知识积累不足，对工厂流程不理解，这些问题充分说明工业软件需要基于企业的实际运营情况去研发。工业软件是用出来的，需要边应用边发现问题和瓶颈，边进行优化。

A 公司信息部门的员工既是信息技术人员，又是工程开发团队成员，与业务部门的员工一起工作，从而建立了一条完整的路径：理解业务需求—开发软件—应用软件—发现问题—修复问题—完善软件—提高业务能力。A 公司的模式表明只有与实际工业业务结合，才能开发出真正适用、好用的工业软件。工程技术向信息化拓展容易，反之则难。

在人力资源非常有限的情况下（20 人左右的开发团队）完成了直升机制造这样高端工业的工业软件研发，说明团队的自主研发能力强，具备开发种类更加繁多、产品更加复杂的工业软件的潜力。

类似 A 公司这样的大型高端制造业企业的信息部门如果被剥离出来就是未来工业软件公司的苗子，可考虑将其作为发展国产工业软件的扶植对象。

8.　考虑重点支持通用性强的设计仿真软件

从调研 A 公司的情况看，类似 CAPP、PDM、ERP 等管理属性比较强的软件，需要根据企业的实际业务与流程情况开发，应具有一定的专用性——此类软件制造业企业已基本具备开发能力。而以 CAX 为代表的设计仿真软件具有通用性，开发难度大、周期长，企业难以承担——此类软件基本以国外软件为主。建议：专用性较强的管理软件以政策方面的引导、鼓励为主，通用性较强的设计仿真软件需要全方位的大力支持。

9. 工业软件发展需供给侧与需求侧两侧发力

座谈中，在问询 A 公司是否计划进行企业上云时，对方表示暂时没有计划，因为企业目前没有这个需求，以后随着业务发展或许会考虑。企业一般比较务实，会根据生产经营的实际需求决定是否采用各种新型信息技术。

目前，工业互联网、工业 App 的大部分工作都在供给侧努力，相关企业更多从供给侧提出解决方案。但与 A 公司的访谈提醒我们：供给侧与需求侧要两侧发力——以企业需求为导向，挖掘企业的真实需求，通过需求牵引，带动高质量供给。在发展工业软件的过程中，我们一方面要调研分析企业的需求是什么，最迫切、最需要解决的问题是什么；另一方面要引导企业挖掘自身的潜在需求，创造新供给。

10. 工业 App 的宣贯以工业软件为切入点

在座谈中，A 公司人员刚开始对于工业互联网、工业 App 等概念表示很难接受与理解，认为与自身业务关系不大，因此对《工业互联网 APP 培育工程实施方案（2018—2020 年）》等文件并没有太多关注。后来调研人员从工业软件出发，向对方介绍工业软件存在的问题及工业软件架构演变趋势：工业软件朝着微小型化发展，即软件模块—软件组件—App。就这样，调研人员一步步引导 A 公司人员认识工业 App。通过这种方式，A 公司人员很快就接受并理解了工业 App，并且表示他们一直在做类似工业App 的开发工作，目前已经开发了几百个这样的工业 App 模块。

认识与理解工业 App 是实施工业 App 培育工程的基础。与 A 公司的交流表明宣贯工业 App 的时候要因企制宜。已经进行工业互联网改造的传统 IT/互联网企业可以从工业互联网的工业应用角度出发进行介绍宣贯；大多数传统制造业企业可以从工业软件出发进行宣贯，指出工业 App 实质是工业软件的新形态，能让企业更好地认识与理解工业 App，进而为开展工业 App 培育工程的各项工作奠定基础，也便于调动、吸纳传统工业软件企业参与工业 App 培育，扩大工业 App 培育的参与方，协同、带动传统工业软件发展。

四、下一步的工作思路

（一）深挖

深挖：以 A 公司调研为基础，进一步分析、归纳国内该类工业企业在工业软件领域的生产应用情况，争取形成该类企业工业软件情况报告。

（二）提炼

提炼：将本次调研工作的成果与结论做进一步的分析、总结与提炼，形成更深刻、更系统的内容，为政府制定工业软件/工业 App 文件规划提供更具参考价值的材料。

（三）调整

调整：分析此次调研的得失，总结经验与教训，进行调整，比如调研表格内容需要根据企业实际情况进行调整，同时也可调整调研方式、方法等，为后续的调研工作做好准备。

（四）实践

实践：将本次调研得到的成果在实际工作中进行尝试应用，比如面向传统制造业企业进行工业 App 的宣传，以工业软件为切入点，验证调研结论是否正确。

经营管理类工业软件调研报告

为贯彻落实发展工业软件的战略部署，了解当前经营管理类工业软件的研发及应用情况，某年某月某日调研人员考察了部分经营管理类工业软件研发企业与应用单位，并形成调研报告。

一、经营管理类工业软件的研发及应用情况

（一）从产业情况看，经营管理类工业软件产业规模占比大，国产软件相对成熟，但高端市场仍以国外软件为主

调研发现，经营管理类工业软件是我国相对成熟的工业软件门类，呈现出行业集中度高、应用情况差异大等特点。具体来讲，一是产业规模占工业软件市场比重大。2018 年，我国经营管理类工业软件的市场规模达287.1 亿元，占工业软件市场规模的 17.1%，高于设计仿真类和生产控制类工业软件。二是国内企业占据市场主流，但高端市场由国外企业占据。国内企业所占市场份额为 70%，但产品主要占据中小企业市场，大中企业的高端经营管理类工业软件仍以 SAP、Oracle 等国外企业为主，占国内高端市场 60%的市场份额。三是国内企业集中度高。用友、金蝶、浪潮等头部企业占据国内市场份额的 50%以上。四是行业领域差异大。石油、电网领域的企业使用国外软件的比例较高，电子信息、汽车等行业使用国产软件的比例较高。

（二）从软件特点看，经营管理类工业软件面向生产制造延伸场景，对协同和实施服务有较高要求

经营管理类工业软件支撑企业的生产制造、经营管理、市场营销等环节，推动企业业务创新和管理升级，具有自身特点。相较于通用模块、标准化的财务模块、人力模块等，高端制造业设计难度大、生产环境复杂多变，生产计划的制订、执行与优化面临巨大挑战，经营管理类工业软件必须有符合高端制造需求的、强大的生产管理解决方案。协同是高端经营管理类工业软件的难点。高端工业产业链庞大，多业态并存。产业链协同关系非常复杂，厂所协同、配套协作，不同单位的管理模式差异非常大，对经营管理类工业软件的协同要求高，给软件应用带来很大挑战。实施服务是经营管理类工业软件应用的重要保障。经营管理类工业软件的项目开发周期长，一般为1～3年，如果没有专业的实施服务团队的长期支持，再成熟的产品在高端制造业也很难成功应用。

（三）从应用情况看，不同企业、不同场景应用情况差异较大

经营管理类工业软件广泛应用于各行业的各类型企业，应用情况差异较大。一是不同企业选型策略和实施模式差异较大。有些企业对经营管理类工业软件进行统一选型；而有些企业没有统一选型，由各部门自主选择，财务、人力、生产等核心板块由不同供应商分别提供；还有些大型企业的南、北两大子公司分别采用金蝶、SAP的产品。二是定制化程度高，不同企业应用水平参差不齐。大型制造业企业已普遍部署经营管理类工业软件，但定制化程度普遍偏高，应用水平差异较大。例如，航空工业选用同一供应商和产品，但经过大量定制后的产品差异已经非常大。三是不同模块的应用情况各异。人力、财务、库存等业务板块应用效果

一般较为理想，项目管理、生产计划、质量管理、制造执行、成本核算等模块应用效果相对较差。四是集成应用效果不理想。很多企业存在财务与生产、采购库存与计划、生产执行与成本核算等不同业务域之间的脱节，集成应用效果普遍不太理想。五是部分大型工业企业开始进行国产化替代。例如，有些企业通过将国外产品的核心模块封装成中台、前台国产化调用的方式逐步在去 SAP 化。

二、国产经营管理类工业软件存在的问题与面临的机遇

（一）国产高端经营管理类工业软件在技术、产品和生态方面与国外软件存在一定的差距

从技术层面看，国外大型企业依托强大的资本，在其自身大量研发的同时，通过并购快速拓展，形成技术优势。一是底层技术栈存在优势。国外大型企业在数据库、云计算、大数据分析等技术领域长期投入研发资源，有自己的开发语言和平台，以及数据库等核心底层技术，具有明显的技术优势，而国内企业在这方面存在差距。二是技术架构存在优势。经营管理类工业软件向自适应智能化方向发展，国外软件将数据分析嵌入业务流程，驱动业务流程自动化运行。国产软件底层平台的通用性较差，模式固定，再开发难度大，缺乏系统的技术架构设计。

从产品层面看，国产软件在"业财一体化"功能实现和系统稳定性方面存在差距。功能实现存在差距：国产软件无法实现业务驱动财务、管理控制点前移的"业财一体化"管理。国内企业一般从财务后端起家，向前端生产制造业务延伸，业务和财务的集成度不高，无法做到真正的"业财一体化"，缺少业务管理思想的引导。系统稳定性存在差距：国内外软件在正常情况下表现一致，但是在出现突发情况时，国产软件可能产生各种问

题，而国外软件相对比较稳定。国外软件成熟度高的根本原因在于领先企业的市场占有率高——好产品是用出来的。

从底层支撑看，管理思想和管理模型软件化能力不足，导致国产软件应用架构的适应性和可配置性欠缺。经营管理类工业软件包含了管理思想和商业模式。国外企业服务世界 500 强企业，支持嵌入式分析和智能决策的软件体系架构技术，支持复杂业务场景和创新业务模式的业务模型构建技术，提高企业的资源管理和决策分析效率。国产软件的应用与企业的管理、生产模式融合渗透性较弱，导致软件和企业业务关联性不强，各功能模块信息传输不畅通，无法满足大型企业的高端需求。

从业务环节看，国内企业普遍重产品研发、轻咨询实施。经营管理类工业软件包含研发、咨询、实施、运维 4 个环节。由于大型企业客户业务的复杂度高，标准化的软件难以满足其特殊的需求，往往需要对软件进行二次开发。以 ERP 为例，一般而言，百万级的 ERP 项目的实施周期在 6 个月左右，需要 5 个以上的实施人员进场作业。国外企业的产品研发和咨询、实施是分开的，由专门、独立的服务企业做实施，这是长期以来行业演化的结果。反观国内的企业，还存在"大客户自己做，小客户伙伴做"的现象，软件企业自己做实施的情况仍然非常普遍，导致实施效果不佳，从而影响产品的交付体验。

从产业生态看，国外大型企业定位明确、战略清晰，不追求大而全，以其技术和产品为核心打造强大的生态优势。国外大型企业在围绕经营管理类工业软件的服务器、云服务、解决方案、实施服务等方面建立起非常强大的生态圈，形成了难以超越的生态优势。以 SAP 的 HANA 为例，其一体机与华为、浪潮、HP 等建立合作伙伴关系，云服务器落户阿里云，拥有奇秦科技、神州数码等提供定制化解决方案与实施服务的本地化合作伙伴，以及众多全球战略咨询合作伙伴，如埃森哲、安永、毕马威、德勤、IBM。

（二）数字化技术发展带来发展机遇

1. 企业数字化转型变革在弱化国外企业管理实践的优势

企业数字化转型正在推动传统企业的管理变革与业务创新。传统企业的最佳实践不在过去而在未来。国外企业所积累的行业最佳实践、国外先进管理经验可能不再适用。国内企业业务的快速创新、跨界竞争正在解构国外企业行业最佳实践预置的优势。

2. 新一代信息技术正在解构国外基础研发能力的优势

技术的开源、软件架构的变化和第三方平台等新一代新型技术的崛起正在解构国外基础研发能力的优势。比如，技术的开源让国内企业站在巨人的肩膀上，软件架构的变化让国外企业过去的技术积累变成鸡肋，第三方平台的崛起化解了国内企业基础技术研究的困局。

三、推动经营管理类工业软件研发及应用的建议

（一）培育顶级咨询公司

鼓励大型工业企业、实施服务商、软件开发商从各自领域延伸培育咨询管理公司，建设并形成"战略咨询+高端软件"的业务推广模式，建设高端软件咨询实施方法论和知识库，培养高端软件咨询服务实施专家和顾问团队，提高客户服务质量，提升产业化能力。

（二）聚力突破关键技术

实施国家软件重大工程，聚集国产软件供应商的产品优势、互联网公司的技术优势、行业解决方案供应商的业务优势，搭建开放标准与统一平台，构建应用市场，发展生态伙伴，丰富应用生态。围绕软件创新链与产业链聚焦重点、分工协作，兼顾开源与闭源软件发展模式，构建产学研用的生态系统，大力培育软件大企业、大生态，具备安全可靠的供给能力。

（三）推动产用协同攻关

坚持好的软件是用出来的，鼓励软件企业与企业用户加强产用对接和产用合作，建立业务设计、技术架构、行业协作、规划研发、评价一体化联合体，结合"央企创世界一流企业"等行动提出需求，扶持评估优秀的联合体进行协同攻关、产品研发、迭代优化和应用验证，加快产品化、标准化进程。

（四）加强产教融合

培育复合型人才。鼓励信息技术企业、互联网企业和工业企业参与，与高校和专业机构联合培养复合型人才。加强对工业行业人才的再培训，提升其数字知识和运用技能，引导人才合理双向流动。强化信息技术新工科建设，支持校企合作，设立工业软件课程，开展职业培训，鼓励高校院所联合工业企业、软件企业产教融合，培育复合型人才。

（五）打造国产行业标杆

与国内企业的先进管理理念结合，打造基于本土管理思想的经营管理类工业软件。通过试点示范，按行业树立一批发展标杆，形成一批可复制、可推广的解决方案，注重对标杆企业的业务流程和先进管理模式的有效积累，形成并不断丰富国产软件的行业配置属性和业务流程库。

（六）分类推进国产化应用

绘制国产化替代路线图和时间表，为应用方提供免责激励，分类加速国产经营管理类工业软件的替代应用。对于原国外软件系统应用深入，且系统标准化程度高的企业，新建系统全部使用国产软件，并且逐步开始替代国外软件系统；对于原国外软件系统应用深入，且系统定制化程度高的企业，搭建中台，提供全新前台应用，将国外软件系统蜕化为后台系统；对于数字化转型诉求强烈，希望将企业管理变革与业务创新融入信息系统更新换代的企业，分析构建新的商业模式和业务模型，采用国产高端经营管理类工业软件系统，支撑企业的全面数字化转型。

参考文献

[1] 乌尔里希·森德勒. 工业 4.0：即将来袭的第四次工业革命[M]. 北京：机械工业出版社，2014.

[2] 宫琳，杨春晖，谢克强，等."软件定义的制造业"科学与技术前沿论坛综述[R]. 北京：中国科学院学部 软件定义的制造业前沿学术论坛，2018.

[3] 奥拓·布劳克曼. 智能制造：未来工业模式和业态的颠覆与重构[M]. 张潇，郁汲，译. 北京：机械工业出版社，2015.

[4] 宁振波. 航空智能制造的基础：软件定义创新工业范式[J]. 中国工程科学，2018，20（4）：5.

[5] 安筱鹏. 重构：数字化转型的逻辑[M]. 北京：电子工业出版社，2019.

[6] 赵敏. 智能制造与软件定义制造[R]. 北京：e-works，2017.

[7] 钱玥妤，陈进. 制造业企业与互联网融合创新发展研究：以博世和谷歌公司为例[J]. 技术与创新管理，2018，39（4）：7.

[8] 梁秀璟. 施耐德电气：赋能过程行业数字化转型[J]. 自动化博览，2018，（6）：2.

[9] 曹银平. 霍尼韦尔：打造"软件"核心竞争力[J]. 自动化博览，2017，34（3）：2.

[10] 王一飞，王焱. IT 交付管理的守与变[J]. 企业管理，2016，（4）：3.

[11] 杨春晖，谢克强，黄卫东. 企业软件化[M]. 北京：电子工业出版社，2020.

[12] 张炳达，孙爱丽. 现代经济学[M]. 上海：上海财经大学出版社，2007.

[13] 胡虎，赵敏，宁振波，等．三体智能革命[M]．北京：机械工业出版社，2016．

[14] 李国杰，徐志伟．从信息技术的发展态势看新经济[J]．中国科学院院刊，2017，32（3）：6．

[15] 钱学森．论系统工程（增订本）[M]．2版．长沙：湖南科学技术出版社，1982．

[16] 王柏村，易兵，刘振宇，等．HCPS视角下智能制造的发展与研究[J]．计算机集成制造系统，2021，27（10）：2749-2761．

[17] 谢克强，杨春晖．质量视角中的智能制造[J]．电子产品可靠性与环境试验，2019，37（A01）：3．

[18] 曾森，范玉顺．面向服务的企业架构[J]．计算机应用研究，2008，25（2）：4．

[19] 郭陟，赵曦滨，贺飞，等．面向特定领域的企业信息系统模型及软件架构[J]．计算机集成制造系统，2004，010（009）：1046-1051．

[20] 梅宏，金芝，郝丹．软件学科发展回顾特刊前言[J]．软件学报，2019，30（1）：2．

[21] MEI H .Understanding "software-defined" from an OS perspective: technical challenges and research issues[J].Science China(Information Sciences), 2017(12):271-273.DOI: 10.1007/s11432-017-9240-4．

[22] 范玉顺.企业信息化管理的战略框架与成熟度模型[J].计算机集成制造系统,2008,14（7）：7．

[23] 中国工业技术软件化产业联盟．工业互联网APP发展白皮书[R]．2018．

[24] 杨春晖，谢克强．工业APP溯源：知识软件化返璞归真[J]．中国工业和信息化，2018（6）：9．

[25] 朱焕亮，徐保文．工业软件浅析[J]．航空制造技术，2014．

[26] 谢克强．达索系统：工业软件发展的八大路径[J]．中国工业和信息化，2019（8）：7．

[27] 田锋．制造业知识工程[M]．北京：清华大学出版社，2019．

[28] 中华人民共和国国务院．《国务院关于深化制造业与互联网融合发展的指导意见》（国发〔2016〕28号）[Z]．2016-05-20．

[29] 中华人民共和国国务院.《国务院关于印发新时期促进集成电路产业和软件产业高质量发展若干政策的通知》（国发〔2020〕8 号）[Z].2020-08-04.

[30] 中华人民共和国工业和信息化部.《工业和信息化部关于印发"十四五"软件和信息技术服务业发展规划的通知》（工信部规〔2021〕180 号）[Z].2021-11-15.

[31] 林雪萍.工业软件简史[M].上海：上海社会科学院出版社，2021.

[32] 胡欢，王梦娜.引领高性能计算仿真云服务时代：记英特工程仿真技术（大连）有限公司[J].中国高新区，2017（6）：3.

[33] 张群，祝宝山，韩业鹏.流固强耦合问题的 CAE 集成软件平台及其工程应用[C].中国机械工程学会，中国自动化学会，中国力学学会.第八届中国 CAE 工程分析技术年会暨 2012 全国计算机辅助工程（CAE）技术与应用高级研讨会论文集，2012.

[34] 韩业鹏，张群，刘新桥，等.基于 INTESIM-GISCI 的流固耦合仿真软件技术及应用[J].计算机辅助工程，2018，27（3）：4.

[35] 周铸，黄江涛，黄勇，等.CFD 技术在航空工程领域的应用、挑战与发展[J].航空学报，2017，38（003）：1-25.

[36] 罗磊，高振勋，蒋崇文.CFD 技术发展及其在航空领域中的应用进展[J].航空制造技术，2016（20）：5.

[37] 吴广明.CAE 在船舶结构设计中的应用及展望[J].中国舰船研究，2007（06）：30-34.

[38] 庄亚龙，杨彦杰.CFD 在船舶行业中的发展和应用[J].科技创新与应用，2013，72（32）：12.

[39] WANG J, WAN D . Application Progress of Computational Fluid Dynamic Techniques for Complex Viscous Flows in Ship and Ocean Engineering[J]. Journal of Marine Science and Application, 2020.

[40] 周凡利.创新突破工业软件发展瓶颈[J].中国工业和信息化，2020（3）：9.

[41] 林雪萍.国防工业如何造就了工业软件[J].中国经济周刊，2018（43）：42-45.

[42] 谢克强．破生态瓶颈　立产业生态：发展设计仿真工业软件的思考[J]．中国工业和信息化，2020（3）：6．

[43] 原力．工业软件发展趋势展望[J]．机械工程导报，2020（3）：1-8．

[44] 赛迪智库．软件园区政策体系建设研究[R]．2013．

[45] 陈立平.关于中国工业软件技术创新与应用发展的思考[EB/OL].https://www.sohu.com/a/243369126_722760?_trans_=000019_wzwza．

[46] 欧玲，谭伟美，林星烨．CAD技术在现代机械制造与设计中的应用与发展情况的分析[J]．当代农机，2022（006）：51+53．

[47] 李纪珍，钟宏，等.数据要素领导干部读本[M].北京：国家行政管理出版社，2021．

[48] 余蕊，罗姣娣，董道勇．国产工业软件遭遇三不管、四困境[J]．瞭望，2019（11）．

[49] 观研报告网．中国工业软件市场发展趋势研究与未来投资预测报告（2023—2030年）[R]．2023．

[50] 梅宏．软件定义的时代[R]．北京：第二十一届中国国际软件博览会，2017．

[51] 谢克强，陈平．工业企业软件化：趋势、机理与路径[J]．新型工业化，2023，13（09）：15-22．

后记与致谢

近几年来，国内各界对工业软件的重视和关注达到前所未有的高度，工业软件迎来了发展的春天！作者有幸在这一轮工业软件大发展之初参与其中，以"大学习、深调研"为方法，对工业软件的技术、企业、产业和政策进行研究，形成若干文章和报告。本书是对这些文章的梳理和凝练，是作者对前几年工作学习的思考和总结。

当前，新一轮工业软件产业发展逐步从"凝聚共识、汇聚合力"迈向了"落地实施、攻城拔寨"阶段。随着产业政策走深向实，产业发展加速变革，出现很多新情况、新进展、新思路、新模式和新困难。由于种种原因作者未能进行进一步的研究撰写，有遗憾，也有期待，有待来日再版更新。

作者从业内专家的书籍、讲座、文章与交流中汲取了知识与智慧，提升了本书的理论水平。在软件定义制造领域，感谢北京理工大学宫琳教授、中国科学院软件所王伟研究员的帮助和支持。在工业APP领域，感谢航空工业信息技术中心原首席顾问宁振波、金蝶数字化转型首席专家王叶忠给予的指导和帮助。在工业知识软件化领域，感谢索为技术董事长李义章、优也科技首席科学家郭朝晖博士给予的帮助。在工业软件内涵领域，感谢北京航空航天大学刘继红教授、苏州同元董事长周凡利博士给予的帮助。在工业软件产业分析领域，感谢北京联讯动力咨询公司总经理林雪萍给予的帮助。在达索系统公司研究领域，感谢北京数码大方总工程师刘爱军博士，以及工程数字化专家赵翰林给予的帮助。在工业软件产业生态领域，感谢英特仿真董事长张群博士给予的大力支持和帮助。在成稿后，感谢安世亚太高级副总裁田锋、昆仑数据首席数据科学家田春华、大数据系统软件国家工程实验室总工程师王晨、北京蓝光创新董事长朱铎先、北京走向智能科技创新中心主任苏明灯、电子五所潘勇研究员等专家提供的宝贵意见。

感谢安筱鹏博士，虽少有耳提面命，但作者思考方式和写作模式都受其著作与演讲的启迪。

感谢陈立平教授给予我多方面的指点、启发和鼓励。

感谢赵敏院长给予的长期、多方面的启迪。

感谢杨春晖研究员给予的指导，一起就专业问题讨论的画面仍历历在目。

感谢薛智锋研究员给予的指点。

最后，感谢所有关心和帮助我的人。